민주쌤의 육아 코칭 백과

성장 발달부터 생활습관까지
0~6세 육아 실전 가이드

민주쌤의 육아 코칭 백과

이민주 지음

육아에는 해법이 있다!

"육아에 정답이 있나요?"

많은 부모님들로부터 수없이 받아 온 질문입니다. 그런데 저는 이 질문에 한 번도 "육아에 정답은 없어요."라고 대답하진 못했어요. 아이마다 기질과 성향이 달라 매 순간 부모에게 많은 선택지가 주어지는 걸 알면서 저는 왜 그랬을까요? 누가 뭐래도 아이를 키우는 데 반드시 지켜야 할 변하지 않는 기준이 있기 때문입니다.

아이는 태어나는 순간부터 신체, 언어, 인지, 사회성, 정서 등 여러 영역에서 발달 과정을 거칩니다. 생후 몇 개월이 되면 어느 부분이 얼마만큼 발달하는지의 척도는 딱 정해진 답이 있습니다. 우리는 영유아 검진을 통해 이를 확인하죠. 애착 형성도 마찬가지예요. 애착형성은 단계적으로 발달하는 과정입니다.

이것은 우리 몸에 필요한 영양소와 비슷합니다. 의사 선생님마다 처방하는 방식은 조금씩 다를 수 있지만 우리 몸에 꼭 필요한 영양소는 정해져 있죠. 혈압이 높으면 조절이 필요하고 당이 높으면 관리가 필요한 것처럼요. 아이의 발달도 이와 같습니다. 아이마다 성장하는 속도는 다르지만 건강하게 자라기 위해 꼭 거쳐야 할 과정들이 있어요.

저처럼 아동학을 전공한 사람은 대학에 들어가면 영유아 발달을 비롯한 아동관찰 및 행동연구, 아동 심리 관련 교과 등 기본 과목들을 배웁니다. 의사가 의학 이론에 근거하여 진단과 치료를 하듯 교사도 연구 이론들에 근거하여 교육을 하지요. 따라서 부모 또한 전공자가 아니라고 하더라도 아이를 키우면서 발달과 관련한 것은 예외 없이 정답으로 받아들여야 합니다.

저는 우리나라에서 손에 꼽는다는 보육지원 전문 기관에서 8년 동안 보육교사로 일하면서 정말 많은 아이들을 만났습니다. 그중에서도 특별히 기억에 남는 건, 24개월부터 6살까지 3년 동안 함께 했던 아이들이에요. 매일 아침 등원하는 순간부터 하원할 때까지 하루 10~12시간씩 아이들의 모든 순간을 지켜보고 함께했죠. 각 아이들은 성격도, 좋아하는 것도, 발달 속도도 모두 달랐습니다. 하지만 이렇게 다양한 아이들을 관찰하면서 제가 발견한 것이 있어요. 바로 모든 아이에게 공통으로 필요한 것들이 있다는 점이었습니다. 성격과 관심사, 발달 속도가 각기 다른 아이들의 성장 발달을 위해 매일 고군분투 하면서도 흔들리지 않았고 저와 한 배를 탄 부모님들께 신뢰를 줄 수 있었던 가장 큰 이유는 결국 '정답'과 '기준'이 있었기 때문입니다.

이것은 마치 목적지로 가는 길과 같아요. 어떤 아이는 뛰어가고 어떤 아이는 걸어가고 또 어떤 아이는 잠시 쉬어가기도 합니다. 가는 방식과 속도는 다르지만 결국 도착해야 할 곳은 같은 거예요. 이것이 제가 생각하는 육아의 모습입니다.

많은 부모들이 "우리 아이는 달라요."라고 말하는데 저는 이에 백 번 천 번 공감합니다. 정말로 세상에 똑같은 아이는 한 명도 없으니까요. 하지만 몸과 마음이 건강하게 자라기 위해 가야 할 방향만큼은 같습니다. 여기서 한 가지 주의하실 점이 있어요. 이론만 가지고 육아를 논하거나 한 아이의 경험만을 가지고 모든 것을 일반화하는 것은 피해야 합니다. 그런 정보들은 오히려 육아를 더 어렵게 만들 수 있어요.

사실 우리가 흔히 듣는 '육아에 정답이 없다.'는 말은 부모님의 가치관과 선택에 관한 이야기일 것 같아요. 어떤 부모는 자연 속에서 마음껏 뛰어노는 것을 중요하게 여기고, 또 어떤 부모는 구조적 학습식 교육을 선택하죠. 이런 선택들은 어찌 보면 정답이 아니라 부모 본인의 관점에 따른 선택이라고 할 수 있습니다.

저처럼 육아 정보를 제공하는 사람들 또한 수많은 이론들을 바탕으로 자신만의 가치관을 통해 육아 방식을 구축하기 때문에 전문가라고 해서 모두 같은 방식의 육아를 하진 않습니다. 실제로 이 분야의 전문가로 활동하시는 분들을 만나 대화를 나눠 보면 그 결이 맞아서 시간 가는 줄 모를 정도로 깊은 공감대가 형성되는 사람이 있는가 하면 단 몇 마디 나누었을 뿐인데 '나와 같은 육아관을 가지고 있진 않구나.' 하고 느껴지는 사람들도 있습니다.

저는 17년이라는 시간 동안 오직 아이들의 발달과 성장만을 공부하고 연구하며 관찰해 왔습니다. 그동안의 경험과 연구를 바탕으로 꼭 알아야 할 육아 원칙 다섯 가지와 실전에서 바로 쓸 수 있는 육아 매뉴얼을 이 책에 담았어요. 신체, 언어, 사회 · 정서, 인지, 생활습관 이렇게 다섯 가지 영역으로 나누어 자세히 설명해 드릴게요. 각 영역별로 아이의 발달 과정과 그에 맞는 부모님의 역할도 구체적으로 풀어냈습니다.

결혼을 하고 아이를 낳아 기르는 일은 아주 자연스러운 일이지만 우리는 어디서도 아이를 키우는 법을 제대로 배우지 못하고 바로 실전에 뛰어들게 되지요. 갓 태어난 아기를 안는 순간부터 엄마는 엄마의 역할을, 아빠는 아빠의 역할을 해내야 합니다. 지치고 힘들어도 부모가 된 이상 무를 수도 포기할 수도 없지요. 그러다 보니 '내가 잘하고 있는 걸까?', '우리 아이에게 이게 맞는 걸까?', '나 때문에 아이가 잘못 크고 있는 건 아닐까?' 하는 걱정이 늘 마음 한켠에 자리 잡게 됩니다.

이 책은 여러분의 이러한 불안함을 조금이나마 덜어드리고자 쓰였습니다. 이 책이 막연하고 두려운 육아가 성취감 가득한 행복한 육아로 바뀌는 데 든든한 길잡이가 되었으면 좋겠습니다. 특히 "머리로는 알겠는데 실제로 어떻게 해야 할지 모르겠어요."라고 말씀하시는 부모님들께 현실적인 도움이 되리라 믿습니다. 저는 앞으로도 여러분의 육아 여정에 늘 함께할 것입니다.

이민주

차례

프롤로그 육아에는 해법이 있다! × 005

PART 1.
부모가 꼭 알아야 할
육아 핵심 원칙

1 육아, 아이와 부모 간의 좋은 관계에서 시작된다 × 019

육아의 시작점은 아이와의 관계 × 019

좋은 관계의 첫 단추는 안정적인 애착형성 × 021

우리 아이와 나는 어떤 애착유형일까? × 024

★ 민주쌤의 현실 밀착 육아코칭 ★ × 028

육아의 깊이를 결정짓는 아이-부모 관계 × 029
아이-부모 관계를 위한 매일 밤 5분 대화법 × 032

2 기질을 알면 육아의 지름길이 보인다 × 036
육아가 힘든 이유는 '기질' 때문이다 × 036
아이의 네 가지 기질에 따른 맞춤 육아법 × 038

3 우리 집만의 육아 원칙을 세워라 × 057
원칙이 없는 육아는 망하는 지름길이다 × 057
우리 집 육아 원칙 × 059
온 가족이 함께 동의하는 원칙 만들기 × 063
★ 민주쌤의 현실 밀착 육아코칭 ★ × 069

4 내 아이의 발달 상태를 체크하라 × 071
아이의 행동 이해하기 × 071
★ 민주쌤의 현실 밀착 육아코칭 ★ × 074
아이 발달 체크, 선택이 아닌 필수다 × 078
매달 확인해야 할 우리 아이 발달 사항 × 081

5 지쳐가는 부모, 이대로 괜찮을까? × 083

육아의 질은 부모의 스트레스 관리에 달려 있다 × 083

육아 번아웃, 이렇게 예방하고 극복하자 × 087

행복하고 건강한 부모가 되기 위한 세 가지 실천 × 090

PART 2.
발달 영역별
맞춤 육아 솔루션

1 신체발달은 모든 발달의 토대다 × 097

아이의 자조능력, 신체 발달이 먼저다 × 097

유아기 쓰기 활동의 핵심, 소근육 발달 × 099

★ 민주쌤의 현실 밀착 육아코칭 ★ × 101

경험이 최고의 선생님! - 발달을 돕는 경험치 쌓기 × 103

반복 지옥에 빠지는 순간을 포착하라 × 105

일상의 놀이로 아이의 흥미를 확장하라 × 107

★ 민주쌤의 현실 밀착 육아코칭 ★ × 111

2 영유아기 언어발달의 핵심은 부모의 역할 × 114

영유아기 언어발달은 왜 중요할까? × 114

말트기보다 중요한 건 소통이다 × 116

언어치료보다 중요한 부모의 언어자극 × 119

'말 잘하는 아이'의 부모는 이렇게 한다 × 125

아이의 공격성, 언어발달과 관련 있다 × 133

공격성을 줄이고 언어 발달을 촉진하는 3단계 상호작용법 × 135

★ 민주쌤의 현실 밀착 육아코칭 ★ × 142

3 자존감과 독립심을 키워 주는 사회성·정서 발달 × 146

부모와의 애착관계는 세상을 살아가는 힘이 된다 × 146

다시 엄마 껌딱지 된 아이를 위한 현명한 대처법 × 150

★ 민주쌤의 현실 밀착 육아코칭 ★ × 158

아이의 자존감을 키우는 부모의 말 × 159

자아존중감이 높은 아이로 키우고 싶다면 × 166

정서발달 - "감정을 말로 표현하기 어려워요." × 171

사회성 발달 - "이제는 친구가 필요해요." × 176

사회성 발달은 자녀의 연령에 따라 다르다 × 180

자기조절력을 키워 주는 시기와 방법 × 188

★ 민주쌤의 현실 밀착 육아코칭 ★ × 200

4 생각의 날개를 달아 주는 인지발달 × 204
영유아기는 뇌 발달의 결정적인 시기 × 204
뇌 발달의 핵심은 다양한 경험 × 206
자율성과 주도성 키워 주기 × 210
잘 노는 아이가 자기주도 학습도 잘한다 × 216
놀이성을 키워 주기 위한 부모역할 × 219
집중력보다 몰입이 먼저다 × 223
집중력을 높여 주는 4단계 방법 × 225
거부감 없이 한글 가르치는 방법 × 230
스스로 공부하는 아이로 키우는 다섯 가지 방법 × 237
★ 민주쌤의 현실 밀착 육아코칭 ★ × 245

5 생활습관이 아이의 평생을 만든다 × 249
기본생활습관 가르치기 – "세 살 버릇 여든까지 간다." × 249
연령별 생활습관 만들기 × 251
자조능력 키우기 × 254
★ 민주쌤의 현실 밀착 육아코칭 ★ × 255

0~6세 연령별로 다른 식습관 교육법 × 258

밥 먹일 때 부모가 하지 말아야 할 행동 다섯 가지 × 267

재우려는 엄마, 버티려는 아이를 위한 올바른 수면교육 × 274

수면 독립을 위한 분리수면 시기와 방법 × 280

★ 민주쌤의 현실 밀착 육아코칭 ★ × 283

지혜롭게 배변훈련 시작하기 × 284

배변훈련 방법 4단계 × 286

배변훈련 시 부모가 하는 흔한 실수 다섯 가지 × 291

★ 민주쌤의 현실 밀착 육아코칭 ★ × 296

애필로그 완벽하지 않아도 괜찮아요! × 301

쏟아지는 육아정보에 압도당하는 것 같다는 느낌이 들 때가 있을 겁니다. 인터넷에서 육아 관련 키워드 하나만 검색했을 뿐인데 '반드시 해야 하는 것'부터 '절대로 하지 말아야 할 것'까지 알고리즘을 타고 가다 보면 정작 진짜 핵심은 흐려지게 되죠. 이렇게 많은 육아정보 속에서 중심을 잘 잡기 위해서는 먼저 부모 본인이 중요하게 여기는 가치와 기준을 명확하게 정립해 두어야 합니다.

물론 아이를 키우면서 반드시 알아야 하고 지켜야 하는 기본적인 원칙들이 존재합니다. 이러한 핵심적인 원칙들은 흔들림 없이 일관되게 지켜나가야 합니다. 하지만 그 큰 틀 안에서는 부모의 가치관, 아이의 고유한 기질과 성향, 그리고 아이의 발달 속도와 특성에 맞춰 유연하게 대처해 나가는 지혜가 필요합니다.

PART 1

부모가 꼭 알아야 할 육아 핵심 원칙

1

육아, 아이와 부모 간의 좋은 관계에서 시작된다

육아의 시작점은 아이와의 관계

저에게 육아를 잘하기 위해 가장 신경 쓰는 부분을 묻는다면 바로 아이와 좋은 관계를 유지하는 것이라고 말할 것입니다.

뱃속에 아이가 생겼을 때를 떠올려 보세요. 임신테스트기에 두 줄이 나타났을 때, 초음파로 아이의 심장 소리를 들었을 때, 처음 태동을 느꼈을 때 우리에게는 오직 한 가지 소망만 있었죠. "건강하게 만나자, 아가야. 건강하게만 태어나 줘."

건강하기만 하다면 더 바랄 것 없을 것 같았죠.

하지만 아이를 키우다 보면 자연스럽게 욕심이 생기기 시작해요. 또래보다 뒤처지지 않았으면, 말도 잘했으면, 성격 좋은 인기 있는 아이였으면, 공부도 잘했으면 하는 마음이 들죠. 이런 바람 역시 부모라면 누구나 가질 수 있는 자연스러운 마음입니다.

다만, 무엇이 더 중요한지는 잊지 말아야 해요. 혹시 아이가 뭔가를 잘 해내길 바라는 마음에 아이의 기질이나 성향, 속도는 무시한 채 따뜻한 보호자가 아닌 엄격한 지도자가 되어 있진 않나요? 아이는 부모에게 학습자가 아닙니다. 따라서 절대적인 기준으로 아이를 평가하는 것은 부모의 역할이 아니에요.

육아는 마라톤과 같습니다. 우리는 긴 시간의 육아를 통해 아이가 건강하게 독립하여 세상을 잘 살아갈 힘을 길러 줘야 해요. 그런데 출발선부터 아이와의 관계가 삐걱거린다면 완주는 불가능하겠죠. 좋은 관계를 유지하지 못하면 아이의 마음속에 애정, 신뢰, 사랑, 존경 대신 미움, 원망, 두려움, 증오가 자리 잡을 수 있어요. 그런 상황에서는 아무리 애써도 육아를 잘해 나가기 어렵습니다.

결국 잘하는 육아는 '뭐든 능숙하게 해내는 부모'가 아니라, 좀 서툴더라도 '아이와 좋은 관계를 유지해 가는 부모'에서 시작됩니다.

좋은 관계의 첫 단추는 안정적인 애착형성

아이와 부모의 안정적인 애착 관계가 아이의 인생에 큰 영향을 미친다는 것은 많은 분들이 잘 알고 계실 거예요. 특히 생후 6개월부터 만 3세까지를 애착 형성의 결정적 시기로 보고 있죠.

이렇게 생후 3년의 중요성이 강조되다 보니 많은 부모들이 이 시기의 부모 역할에 부담을 느끼고 불편해하기도 합니다. 하지만 우리는 부모이기에 이 문제를 피하지 않고 정면으로 마주해야 해요. 다만 제대로 알고 마주하는 것이 중요합니다. 정확히 이해하고 나면 생후 3년 동안의 육아에 대한 부담을 한결 덜 수 있을 거예요.

오해 1 | 세 돌 전의 아이가 낯가림이 심하고 분리불안이 있는데, 불안정 애착인가요? **NO!**

오해 2 | 안정적인 애착 형성을 위해서 만 3세까지는 무조건 가정보

육을 해야 하나요? **NO!**

오해 3 | 만 3세 전에 훈육을 하면 부모와 애착형성이 깨질 수 있나요? **NO!**

애착형성과 관련하여 부모님들이 흔히 하는 오해들입니다. 지금부터 이 오해를 하나하나 풀어 나가 보겠습니다.

애착형성이란 무엇일까?

아이가 주양육자와 맺는 신뢰와 안정감에 기반한 정서적 유대관계를 애착이라고 합니다. 영국의 정신의학자이자 정신분석가인 존 볼비(John Bowlby)는 특히 생후 1년 동안의 부모와 아이 사이의 초기 관계가 애착 형성에 매우 중요하다고 말했어요. 볼비는 이때 형성된 애착은 이후 삶에서 맺게 되는 모든 대인관계에 영향을 미친다고 했습니다.

애착형성의 시기는 언제일까?

사실 부모와 아이의 안정적인 관계 형성에는 정해진 시기가 없습니다. 다만 특별히 '36개월'을 강조하는 이유는 이 시기에 아이가 '대상항상성'이라는 것을 획득하는 중요한 발달 단계를 맞이하기 때문이에요.

생후 6개월 무렵이 되면 아이는 경험을 통해 '엄마, 아빠' 또는 '주양육자'를 구분하기 시작하며 본격적으로 엄마 껌딱지가 되죠. 이때부터 두 돌까지는 낯선 사람과 부모를 구분하면서 동시에 낯가림과 분리불안을 경험하게 됩니다.

많은 부모님들이 아이의 낯가림이나 분리불안을 보이면 '애착형성이 잘못된 걸까?' 하고 걱정하시는데요. 오히려 이런 모습은 아이가 자신을 보호해 주는 애착 대상을 제대로 인식하고 안정적인 애착을 느끼고 있다는 증거입니다. 그러니 두 돌 이전의 낯가림이나 분리불안은 걱정하지 않으셔도 됩니다.

생후 24~36개월이 되면 아이는 잠시 부모와 떨어져도 할머니나 이모처럼 친숙한 사람과 있을 때는 심한 불안을 보이지 않게 됩니다. 물론 여전히 엄마를 찾으며 울 수는 있지만 설명하면 이해하고 엄마가 돌아올 것이라 믿으며 기다릴 수 있죠. 이것을 발달심리학에서는 '대상항상성'이라고 해요. 대상항상성이란 애착 대상이 보이지 않더라도 그 사람이 어딘가에 안전하게 존재한다는 내재화된 믿음을 말합니다.

대상항상성이 발달하기 전에는 아이가 엄마를 보지 못하면 세상에서 사라진 줄 알아요. 그래서 세상이 무너진 것처럼 울게 되는 거죠. 이런 이유로 만 3세까지의 애착형성이 특히 중요하다고 강조되는 것입니다.

어떤 분들은 이 시기에 훈육을 전혀 하지 않고 아이의 모든 것을 수용하려 하는데요. 하지만 안정적인 애착관계가 형성되어 있다면 36개월 이전이라도 적절한 훈육을 통해 '해도 되는 것'과 '하면 안 되는 것'을 가르치는 것이 아이의 전반적인 발달과 자기조절력 향상에 도움이 됩니다.

훈육한다고 해서 애착이 불안정해지는 것은 절대 아니에요. 반대로 훈육을 하지 않는다고 해서 무조건 안정적인 애착이 형성되는 것도 아닙니다. 오히려 아이가 울 것 같아서 몰래 사라지는 행동이 아이에게 더 큰 불안을 줄 수 있어요. 헤어질 때 많이 울더라도 반드시 설명하고 인사한 뒤에 외출하고, 돌아와서도 다시 만남의 인사를 나누는 것이 중요합니다.

우리 아이와 나는 어떤 애착유형일까?

아이의 애착 유형은 초기 육아 과정에서 부모가 아이를 어떻게 대했는지, 아이가 보내는 신호에 어떻게 반응했는지, 어떤 상호작용을 해왔는지에 따라 형성됩니다.

아이는 태어나서 처음으로 관계를 맺는 부모와의 애착

패턴을 통해 관계의 기초를 배우게 되죠. 이 패턴은 만 3세 이후부터 성인이 될 때까지 다른 사람들과 맺는 모든 관계에 영향을 미치게 됩니다.

EBS 〈다큐프라임〉 등에서는 오래전부터 엄마(주양육자)와 아이의 애착 관계를 관찰하는 실험을 통해 이를 연구해 왔습니다. 실험은 이렇게 진행됩니다. 낯선 공간에서 엄마와 아이가 함께 놀다가 엄마가 잠시 자리를 비웁니다. 이때 혼자 남은 아이의 반응과 엄마가 다시 돌아왔을 때 아이가 보이는 반응을 통해 엄마와 아이 사이의 애착 유형을 알아볼 수 있죠.

안정 애착관계

낯선 공간에서 엄마(주양육자)가 자리를 비우면 아이는 불안해하며 엄마를 찾고 울기도 합니다. 하지만 엄마가 돌아와 안아주면 금세 안정을 찾아요. 이것이 안정 애착의 모습입니다.

불안정 애착관계

불안정 애착은 회피형, 저항형, 혼란형으로 나눌 수 있어요.

회피형 불안정 애착관계

이 유형의 아이는 낯선 상황에서 엄마(주양육자)가 사라져도 불안해하거나 울지 않아요. 엄마가 돌아와도 특별히 반기지 않죠. 이는 엄마가 불안할 때 위로와 안정을 주는 존재가 아니라고 여기기 때문입니다. 평소 아이의 신호나 요구에 부모가 적절히 반응해 주지 않거나 본인의 요구가 반복적으로 거절당해 체념한 상태에서 나타나는 관계예요.

저항형 불안정 애착관계

이 유형은 엄마(주양육자)가 곁에 있어도 아이가 안정감을 느끼지 못하고 계속 긴장한 상태로 주변을 살피게 됩니다. 엄마가 자리를 비우면 발작적으로 울고 돌아와도 진정되지 않아요. 오히려 엄마에게 화를 내거나 공격적인 모습을 보이기도 하죠. 이는 보통 부모의 반응이 일관적이지 않거나, 예측할 수 없는 반응을 보이거나, 아이가 심하게 떼를 써야만 반응해 주는 경우에 생길 수 있습니다.

혼란형 불안정 애착관계

앞서 설명한 회피형과 저항형이 섞여 있는 유형이에요. 아이가 엄마(주양육자)를 안전하면서도 동시에 두려운 존재로 인식하는 애착관계지요. 그래서 의지하고 싶다가도 피하고 싶은 양가감정을 보입니다. 이런 애착관계는 부모의 감정기복이 심하거나 과한 애정과 체벌을 오가는 등 일관성 없는 양육 태도에서 비롯될 수 있어요.

애착형성은 영유아기에만 영향을 미치는 것이 아닙니다. 이 시기의 애착은 아이가 성장한 후 다른 사람과 관계를 맺을 때, 연인이나 배우자와의 관계를 형성할 때, 그리고 나중에 부모가 되어 자신의 아이를 키울 때까지 영향을 미치게 됩니다. 그래서 부모와의 첫 애착형성은 아이의 정서 발달에 있어 기초 공사와도 같다고 할 수 있어요. 그렇기에 우리는 지금 안정적인 애착형성이라는 첫 단추를 잘 끼워야 합니다.

혹시 아이가 만 3세가 지났는데 '그때 아이에게 충분한 안정감을 주지 못했나?' 하는 생각이 든다고 해도 아직 늦지 않았습니다. 아이가 지나치게 독립적인 모습을 보이거나, 반대로 통제하기 어려운 울음과 짜증, 공격적인 행동이나 집착을 보인다면, 바로 지금부터 시작해 보세요. 부모로서 아이에게 안정감과 신뢰를 주기 위해 노력한다면 분명 아이와의 관계에서 긍정적인 변화가 찾아올 거예요.

★ 민주쌤의 현실 밀착 육아코칭 ★

Q 안정적인 애착형성을 위해 생후 36개월까지 가정보육을 하는 것이 좋은가요?

애착형성을 위해서는 만 3세까지 가정보육을 해야 한다고 생각하시는 분들이 많으신데요. 꼭 아이와 모든 순간을 함께 있어야만 안정적인 애착이 형성되는 것은 아닙니다. 만약 그렇다면 일찍 어린이집을 다닌 맞벌이 가정의 아이들은 모두 불안정 애착 관계가 형성되는 거겠죠. 하지만 절대 그렇지 않아요.

주양육자가 꼭 엄마여야 하는 것도 아닙니다. 할머니든 담임 선생님이든 아이에게 안정감을 주고 늘 안전하게 보호받고 있다는 느낌을 준다면 충분히 안정적인 애착을 형성할 수 있어요.

엄마가 직장인이어도 엄마의 출퇴근 시간이 규칙적이어서 아이가 일상을 예측할 수 있다면 안정적인 애착형성이 가능합니다. 다만 퇴근 후 아이와 함께하는 시간만큼은 질 높은 시간을 보내 주세요. 낮 동안의 불안감이나 스트레스를 충분히 해소하고 아이의 정서적 욕구를 채워 주는 것이 중요합니다.

반대로 36개월 내내 함께 있다 하더라도 양적으로는 충분하지만 질적인 시간을 보내지 못한다면 오히려 불안정 애착이 형성될 수 있어요. 엄마가 육아나 가사 스트레스, 또는 자신의 일을 포기하면서 오는 상실감이나 불안감을 다스리지 못한다면 그 감정은 고스란히 아이에게 전달됩니다. 아이를 민감하게 살피지 못하고 아이의 신호에 제대로 반응하지 못하며 감정 기복이 심하다면 아이 역시 불안정한 정서 상태가 될 수 있죠.

이런 상황이라면 오히려 두 돌 즈음 어린이집을 보내서 엄마와 아이 모두가 안정감을 찾을 수 있도록 하여 더 좋은 관계를 유지해 가는 것이 바람직하다고 봅니다.

육아의 깊이를 결정짓는 아이-부모 관계

하루 중 저의 휴대전화 DM 알람이 가장 많이 울리는 시간은 밤 10시 쯤부터 새벽 12시까지입니다. 인스타그램 DM 알림을 꺼둘 수밖에 없을 정도로 메시지를 받는데요. 주로 이런 내용입니다.

✉

"오늘도 아이에게 참지 못하고 소리를 질러 버렸어요. 한 번만 더 참을걸."

"오늘도 아이를 재우고 나니 짠하고 미안한 마음에 후회되고 자책하게 됩니다."

"차가운 눈빛으로 쏘아붙인 것이 내내 마음에 걸립니다."

이 메시지들을 읽으면 하루 종일 전쟁 같았을 육아 현장이 그려집니다. 하지만 더 안타까운 것은 이 말들이 사실 제가 아니라 아이에게 전하고 싶은 마음이라는 거예요.

"아가, 오늘 엄마가 화내고 소리 질러서 미안해."

"아가, 오늘 엄마가 너무 지쳐서 그만 상처 주는 말을 한 것 같아 미안해."

"아가, 오늘 엄마가 모진 눈빛으로 너를 바라봐서 미안해."

이 마음을 전하고 싶었던 건데 이 메시지를 받은 저는 아이에게 엄마의 마음을 전해줄 수가 없단 말이죠. 그게 참 안타깝습니다.

엄마도 억울한 부분이 있을 겁니다. 분명 아이가 어떤 잘못을 했기 때문에 훈육을 시작했을 테고, 훈육을 하고 있음에도 끝없이 떼를 썼기 때문에 엄마는 지칠 수밖에 없었고, 그러다가 감정이 순간적으로 폭발했을 텐데 결국 하루를 마무리하면서 반성하는 건 엄마 본인이 되니까요. 도대체 왜 이런 악순환이 반복되는 걸까요?

잠이 든 아이를 보고 있으면 부모는 한없이 마음이 말랑해집니다. 오늘 하루 미안했던 감정, 해 주지 못했던 것들이 떠오르면서 자책하게 되죠. 그럴 때면 휴대폰 사진첩을 열어 아이 사진을 보게 됩니다. 아이 사진을 보다 보면 거슬러 더 어렸을 때 모습, 신생아 때 모습까지 가게 되죠. 결국 엄마의 두 눈은 촉촉해지고 반성문을 쓰듯 메시지를 보내게 됩니다.

그러나 좋은 부모는 뭐든 완벽하게 해내는 부모가 아닙니다. 육아를 잘한다는 건 특별한 무언가를 해내는 게 아니에요. 서툴러도 괜찮습니다. 오늘 하루 부족했다고 엄마를 미워하고 아빠를 원망하는 마음으로 살아가는 아이는 세상에 없을 겁니다.

'내가 과연 아이를 잘 키울 수 있을까?' 하고 걱정될 때는 오늘 하루의 육아가 어땠나 회상해 보세요. 아이와 즐겁게 웃으며 얼굴을 마주한 시간이 있었는지, 아이와 살 부비며 스킨십 했던 순간이 있었는지, 아이와 눈 맞추며 이야기를 나눈 시간이 얼마나 되는지가 중요합니다. 이 사소한 즐거움과 행복이 매일 매일 쌓이면 아이는 분명 그 시간을 통해 부모에 대한 무한 애정과 안정감을 느끼며 자랄 것입니다.

아이-부모 관계를 위한 매일 밤 5분 대화법

많은 부모님들이 아이를 재우기 전 '잠자리 독서'를 하고 계실 겁니다. 보통은 책을 읽고 나면 "이제 조용, 자는 시간이야. 이야기 그만." 하며 아이를 재우실 텐데요. 사실 잠자리 독서만큼이나, 어쩌면 잠자리 독서보다도 훨씬 중요한 것이 아이와의 '잠자리 대화'입니다. 잠자리 독서는 익숙하지만 '잠자리 대화'는 많이 생소하죠? 저는 아이가 생후 16개월쯤부터 책을 읽고 난 후 불을 끄고 5분 정도 '잠자리 대화'를 단 하루도 빠지지 않고 해 왔습니다. 잠자리 대화에서는 다음과 같은 이야기를 나눌 수 있습니다.

오늘 하루에 대해 나누기

오늘 하루 어땠어?

오늘 행복했던 일 있었어?

혹시 속상했던 일은 없었니?

훈육했던 날이라면 엄마 감정에 대해 전달하기

엄마는 오늘 낮에 네가 소리 지르고 떼써서 그러면 안 된다고 알려 줄 때 마음이 참 아팠어. 너도 엄마가 화내면 기분이 안 좋지? 엄마도 너를 혼내고 나면 마음이 정말 아파. 다음부턴 그러지 말자.

미안한 일이 있는 날이라면 미안한 마음 전달하기

오늘 모래놀이 하고 싶어 했는데, 엄마가 너무 피곤해서 못 해 줬잖아. 미안해. 대신 주말에 꼭 모래놀이 해 줄게. 그때까지 기다려 줄래?

사랑하는 마음 전하기

엄마는 오늘도 너를 정말 많이 사랑해. 머리끝부터 발끝까지 사랑하고 마음 깊은 곳까지 사랑해. 너는 엄마, 아빠에게 정말 소중한 존재야. 잘 자.

처음에는 아이가 어려 엄마의 혼잣말처럼 시작하지만 아이가 두 돌이 지나고 세 돌이 지나면서 엄마의 마음에 귀 기울이고 먼저 사랑을 표현하기도 합니다. 또 아이 자신이 속상했던 마음이나 표현하지 못했던 마음도 잠자리 대화 시간에 하나둘 꺼내 놓기 시작합니다. 그러다 보면 훈육을 했던 날에 아이가 먼저 "엄마, 내가 오늘 소리 지르고 떼써서 미안해. 다음부터는 짜증 내지 않고 이야기할 거야."라고 말하는 날이 올 거예요.

오늘부터 딱 5분, '잠자리 대화'를 시작해 보세요. 오늘의 마음을 오늘 전하고 나면 아이와의 관계는 더욱 돈독해지고 육아에 대한 죄책감 대신 "오늘 하루도 잘했다." 하고 뿌듯함을 느낄 수 있을 거예요.

◆

오늘부터 딱 5분, '잠자리 대화'를 시작해 보세요. 매일 서로의 마음을 전하다 보면 아이가 먼저 마음을 표현하는 그날이 생각보다 빨리 찾아올 거예요.

기질을 알면 육아의 지름길이 보인다

육아가 힘든 이유는 '기질' 때문이다

열심히 육아 공부를 하는데도 아이의 행동이 이해되지 않고 변화가 보이지 않을 때, 우리는 많이 지치게 됩니다. '도대체 무엇이 문제일까? 왜 아이도 나도 이렇게 힘든 걸까?' 이런 생각이 들 때는 가장 먼저 아이의 기질을 살펴보세요. 이때 아이의 기질뿐 아니라 부모인 '나'의 기질도 함께 이해하면 도움이 됩니다. 까다로운 기질의 아이라서 힘들 수도 있지만 때로는 부모와 아이의 기질이 맞지 않아 어려움을 겪는 경우도 많습니다.

예를 들어볼까요? '자극추구' 기질의 아이를 키우는 '위험회피' 기질의 엄마들에게 "육아가 어떠세요?"라고 물으면 대부분 이렇게 답합니다. "너무 힘들어요. 매 순간 불안해서 눈을 뗄 수가 없어요." 이해가 되는 답변이죠. 엄마는 안전을 중시하고 조심성이 강한 '위험회피' 기질인데 아이는 모험심이 강하고 새로운 것에 끊임없이 호기심을 보이는 '자극추구' 기질이니까요. 당연히 엄마가 통제하고자 하는 범위를 넘어갈 때가 수도 없이 많겠죠. 높은 곳을 보면 꼭 올라가 봐야 하고, 올라가면 또 뛰어내려 보고 싶어 하는 아이를 보며 엄마는 늘 불안할 수밖에 없습니다. 영아기에는 우리 아이가 다칠까 걱정이었다면, 아이 연령이 높아질수록 우리 아이 때문에 다른 아이도 다칠까 봐 걱정이 되기도 하죠.

반대로 '위험회피' 기질의 아이를 키우는 '자극추구' 기질의 엄마들은 어떨까요? "육아가 어떠세요?"라고 질문하면 대부분 "답답해요."라고 말합니다. 적극적이고 도전정신이 강한 '자극 추구' 기질의 엄마는 아이에게 새롭고 흥미로운 경험을 제공하고 싶어 합니다. 다양한 놀이터와 키즈카페도 가 보고, 원데이 클래스도 열심히 찾아서 신청하죠. 하지만 익숙한 것이 가장 편안하고 즐거운 성향의 아이는 이런 새로운 자극이 낯설고 두려워서 적응하는 데 오랜 시간이 걸립니다. 그러다 보니 아이가 잘못하는 건 아니지만 소극적인 모습을 보며 엄마는 답답함을 느끼게 되는 거죠.

하지만 기억하세요. 세상에 좋은 기질과 나쁜 기질은 없답니다. 다만 각각의 기질이 가진 강점과 약점이 있을 뿐이에요. 아이의 기질을 이해할 때는 이 강점과 약점을 함께 파악해야 합니다. 그래야 양육 환경과 태도를 통해 강점은 더욱 살리고 약점은 잘 보완해 줄 수 있죠. 이렇게 할 때 아이의 타고난 기질이 긍정적으로 발현되어 유능한 사람으로 성장할 수 있습니다.

이제 각각의 기질 유형과 그에 맞는 육아법을 자세히 살펴보도록 할까요?

아이의 네 가지 기질에 따른 맞춤 육아법

미국의 정신의학자이자 유전학자인 클로드 로버트 클로닝거(Claude Robert Cloninger) 박사의 연구에 따르면 기질은 태아기 때 신경전달물질에 의해 결정되는 '타고난 특성'입니다. 그러나 이러한 선천적인 기질이 그대로 성격이 되는 것은 아닙니다. 부모의 양육 환경과 태도라는 후천적 요인이 더해져 최종적으로 그 사람의 성격이 형성되는 것입니다.

이러한 관점에서 부모의 역할은 매우 중요해요. 부모는 아이가 타고난 기질을 정확히 파악하여 강점은 더욱 발전시키고, 약점은 적절히 보완해 주어야 합니다. 이는 아이의 건강한 성격 발달을 위한 핵심적인 역할이라고 할 수 있어요.

클로닝거 박사는 'TCI 기질 성격검사' 이론을 바탕으로 기질을 위험회피 기질, 자극추구 기질, 사회적 민감성 기질, 인내력 기질의 네 가지로 분류합니다. 물론 사람의 기질이 반드시 이 네 가지 중 하나로만 명확히 구분되는 것은 아니에요. 각 개인은 이러한 기질들을 서로 다른 강도로 가지고 있을 수 있습니다. 어떤 기질은 강하게 나타나고, 또 다른 기질은 상대적으로 약하게 나타날 수 있는 것이지요. 이제부터 각각의 기질이 가진 특징과 그에 맞는 육아 방법을 살펴보도록 할게요.

① 위험회피 기질

위험회피 기질은 말 그대로 위험한 것을 피하고 안전을 중시하는 성향입니다. 새로운 상황에서 본능적으로 긴장하고 걱정하죠. "돌다리도 두들겨 보고 건너라."는 속담이 이 기질의 특징을 잘 보여 줍니다.

위험회피 기질의 아이들은 부모가 먼저 돌다리를 두들겨 보고 건너는 모습을 봐야만 "어? 한번 해볼까?" 하고 시도하기도 하고, 때로는 부모의 등에 업혀서야 돌다리를 건너기도 합니다. 그만큼 낯선 환경이나 사람에 대한 경계심이 높죠. 낯선 음식이나 식감에도 민감하게 반응해서 편식이 심해지기도 합니다.

이런 아이들은 충동적인 행동을 하지 않고 새로운 것을 시도하는 데 시간이 오래 걸리는 것이 특징이에요. 어린이집이나 유치원에서도 놀이 주제가 바뀌어 벽면 환경이나 놀잇감이 달라지면 처음에는 소극적인 모습을 보입니다. 선생님과 친구들이 새 놀잇감을 어떻게 활용하는지, 어디를 누르면 작동하고 소리가 나는지 눈으로 충분히 살핀 후에야 놀이에 참여하죠.

하지만 한번 흥미를 느끼기 시작하면 오랫동안 집중하며 편안하고 능숙하게 놀이를 즐길 수 있습니다. 그래서 이런 기질의 아이를 키울 때는 "우리 애는 그거 싫어해요.", "관심이 없어요."라고 섣불리 판단하면 안 됩니다. 관심이 없는 게 아니라 단지 낯선 것들이 익숙해질 때까지 충분한 시간이 필요한 거예요.

◆

위험회피 기질 아이에게는 "한번 해봐!"라고 재촉하기보다 "엄마랑 같이 해 보자!"
라는 태도로 부담을 덜어 주세요.

위험회피 기질 육아법

위험회피 기질의 아이를 키울 때는 '점진적인 접근'으로 적응력을 키워 주는 것이 중요해요. 예를 들어 문화센터 클래스나 체험활동은 '트니트니'같이 많은 사람이 참여하는 동적인 클래스보다 엄마와 함께하는 비교적 정적인 클래스부터 시작해 보세요. 먼저 아이가 먼저 공간에 대해 편안함을 느끼게 해 주는 거예요. 만약 감각이 예민한 아이라면 오감각 놀이 같은 감각을 많이 자극하는 재료를 활용하는 활동을 먼저 경험하는 것은 피하는 게 좋겠죠. 이렇게 점진적으로 동적인 클래스로 나아가세요.

위험회피 기질의 아이들은 편식 습관을 개선할 때도 점진적이고 조심스러운 접근이 필요합니다. 지나치게 다양한 식재료를 한꺼번에 제시하거나 매번 새로운 반찬을 시도하는 것은 오히려 역효과를 낼 수 있어요. 아이가 이미 익숙하게 잘 먹는 음식들을 중심으로 식단을 구성하고, 여기에 한 가지 정도의 새로운 음식을 조심스럽게 주는 것이 효과적입니다. 예를 들어, 식판에서 한 칸 정도만 도전해 볼 수 있는 새로운 반찬을 제공하는 것이죠.

설령 아이가 이를 거부하더라도 포기하지 않고 일상생활 속에서 자연스럽게 익숙해질 수 있는 기회를 만들어 주세요.

당근을 거부하는 경우를 예로 들면, 당근을 스틱 모양으로 잘라 전자레인지에 살짝 익힌 당근을 놀이 도구로 활용해 보는 거예요. 주방놀이를 하면서 당근을 자르고 요리하는 과정에서 아이는 자연스럽게 당근을 보고, 만지고, 냄새를 맡는 경험을 하게 됩니다.

이러한 일상적인 경험들이 차곡차곡 쌓이면서 새로운 음식에 대한 경계심이 낮아지고 익숙하게 될 거예요. 위험회피 기질의 아이들은 이처럼 천천히, 그리고 자연스럽게 편식 습관이 개선될 수 있도록 도와주는 것이 중요합니다.

위험회피 기질의 아이들에게는 "한번 해봐!"라고 재촉하기보다는 "엄마랑 같이 해 보자!"라는 태도로 부담을 덜어 주세요. 그래도 아이가 망설인다면 "엄마가 하는 거 한번 봐. 엄마가 먼저 해볼게."라며 시범을 보여 주는 것도 아이의 부담감을 덜어 주는 좋은 방법이에요.

이런 기질을 이해하고 잘 키워 내면 아이는 새로운 일을 할 때 꼼꼼하게 준비하고 침착하게 해내는 사람으로 자랄 수 있습니다. 하지만 부모가 답답한 마음에 서두르거나, 훈육으로 아이의 행동을 바꾸려고만 한다면 역효과가 날 수 있어요. 아이가 위험회피 기질의 장점을 살리지 못한 채, 도전 자체를 두려워하고 회피하는 성격으로 성장할 수 있기 때문입니다.

반면 위험회피 기질이 낮은 아이들은 위험한 상황에서도 오히려 적극적으로 도전하려는 성향을 보입니다. 새로운 환경이나 낯선 상황에서도 쉽게 긴장하지 않고 도전적인 태도를 보이는 것이 특징이지요. 이러한 열정적이고 도전적인 모습은 분명 긍정적으로 격려해 줄 만한 특성이지요. 하지만 동시에 아이가 스스로 위험 상황을 인지하고 적절히 조절할 수 있는 능력을 키워주는 것도 매우 중요합니다.

② 자극추구 기질

자극추구 기질은 위험회피 기질과 정반대의 성향을 보입니다. 새로움을 좋아하고 도전적이며 모험심과 호기심이 가득하죠. 새로운 환경이나 물건을 만나면 매우 적극적으로 반응하고 때로는 충동적인 행동을 보이기도 해요. 즐거움을 느낄 때 흥분도 쉽게 하지만 분노의 감정도 굉장히 적극적으로 표출합니다.

새로운 기관의 체험활동에 참여할 때면 이런 아이들은 눈이 반짝이고 몸이 저절로 들썩거립니다. 앞에 나가 시범을 보이는 것은 물론, 아파트 놀이터에서는 처음 보는 또래와도 금세 친해져 과자도 잘 얻어먹곤 하죠. 반면 한 가지에 흥미가 오래가지 않아 쉽게 싫증을 내고 가만히 기다려야 하는 상황을 힘들어 해서 산만하거나 인내심이 부족하다는 평가를 받기도 합니다.

자극추구 기질 육아법

자극추구 기질의 아이를 키울 때는 "신나게 노는 건 좋지만 안전하게 놀기 위한 규칙이 있어."라고 꾸준히 알려 주는 것이 중요해요.

예를 들어 키즈카페에 갈 때는 입장 직후가 아닌 입장 전에 규칙을 설명해 주세요. 입장하는 순간 흥분할 수 있고 일단 놀이에 빠져들면 엄마 말에 "네." 하고 대답은 하지만 실천하기 어려울 수 있거든요. 그래서 아이의 눈앞에 키즈 카페가 펼쳐지기 전에 안전과 규칙에 대해 미리 알려 주는 것이 좋아요.

호기심 많고 적극적인 모습은 "많이 궁금했구나! 적극적인 모습이 멋져!"라고 칭찬해 주세요. 또한 하루를 시작할 때 오늘의 일과를 미리 이야기해 주면 새로운 상황에서 지나치게 흥분하는 것을 줄일 수 있어요. 언제나 도전하는 모습은 칭찬하되 흥분하지 않고 스스로를 조절하는 연습도 할 수 있게 격려해 주세요.

가정 내 육아 환경에 대한 팁을 드리자면, 위험회피 기질의 아이들과 달리 자극추구형의 아이들은 익숙한 것에 싫증을

◆

자극추구 기질의 아이들은 새로움을 좋아하고 도전적이며, 모험심과 호기심이 가득하죠. 새로운 환경이나 물건을 만나면 매우 적극적으로 반응하고 때로는 충동적인 행동을 보이기도 해요. 자극추구 기질의 아이를 키울 때는 "신나게 노는 건 좋지만, 안전하게 놀기 위한 규칙이 있어."라고 꾸준히 알려주는 것이 중요합니다.

잘 냅니다. 가지고 있는 장난감이나 그림책을 한 번에 모두 꺼내 놓게 되면 아이가 직접 장난감을 가지고 놀거나 그림책을 보지 않더라도 매일 같은 자리에 있는 장난감과 그림책은 눈에 익어 흥미를 갖지 못할 수 있어요. 예를 들어, 총 30개의 장난감이 있다면 8~10개씩 교구장에 꺼내 두고 1~2주에 한 번씩 교체해 주세요. 그림책도 같은 자리에 계속 두기보다는 배치를 바꿔 주면 아이 눈에 새롭게 보여 더 큰 흥미를 느낄 수 있답니다.

반대로 자극추구 기질이 낮은 아이들은 규칙적이고 반복적인 일상에서 안정감을 느낍니다. 이런 아이들의 경우 예측 가능한 환경이 심리적 안정의 핵심이 되지요. 따라서 만약 새로운 일과나 활동을 해야 할 경우에는 미리 알려주어 충분한 마음의 준비를 할 수 있도록 해 주세요. 그러면 새로운 상황에도 훨씬 더 편안하게 적응하고 참여할 수 있을 거예요.

③ 사회적 민감성 기질

사회적 민감성 기질의 아이는 다른 사람의 반응이나 평가에 매우 민감하답니다. 관심과 인정을 받고 싶어 하고 눈치도 빨라서 분위기 파악을 잘하죠. 엄마의 기분과 감정에도 민감하게 반응하고 다른 사람의 감정에 많은 관심을 보입니다.

이런 기질이 강하면 타인의 감정에 공감하는 능력이 뛰어나지만 때로는 주변 시선을 너무 신경 써서 자신의 욕구를 표현하기 어려워하거나 쉽게 상처받기도 해요.

어린이집이나 유치원에서도 친구들이 무슨 놀이를 하고 싶어 하는지 또는 선생님이 오늘 어떤 놀이를 준비했는지 먼저 살피곤 합니다. 자신이 하고 싶은 것보다 남이 원하는 것을 먼저 생각하고, '내 행동 때문에 엄마가 속상해하면 어쩌지?' 하고 걱정하느라 자기 감정을 숨기기도 하죠.

동생이 생기면 모든 아이가 적응하는 데 시간이 필요한데 이런 아이들은 동생을 예뻐하고 잘 놀아줄 때 엄마가 기뻐하고 칭찬해 주는 경험이 쌓이면서 속으로는 스트레스를 받는 동시에 동생에게 과한 애정을 표현하기도 합니다.

사회적 민감성 기질의 아이를 위한 육아법

이런 아이를 키울 때는 겉으로 보이는 모습이 아닌 내면을 잘 살펴봐 주세요. 아이가 "네."라고 했을 때, 정말 원해서 한 대답인지 아니면 주변을 배려해서 한 말인지를 구분해야 해요.

무조건 양보하는 태도를 칭찬하기보다는 자기 감정을 솔직하게 표현할 수 있도록 도와주세요. "넌 어떤 거 하고 싶

◆

사회적 민감성 기질이 강하면 타인의 감정에 공감하는 능력이 뛰어나지만 때로는 주변 시선을 너무 신경 써서 자신의 욕구를 표현하기 어려워하거나 쉽게 상처받기도 해요.

어?", "네가 원하는 대답을 솔직하게 해도 괜찮아."라는 메시지를 자주 전하면서 내면의 가치에 집중할 수 있게 해 주는 것이 중요합니다.

이런 아이들은 관계 속에서 에너지를 얻기 때문에 다른 사람과 함께하는 역할놀이나 극놀이를 좋아해요. "엄마, 같이 하자.", "엄마, 이리 와 봐."라는 말을 입에 달고 살 정도죠. 또 의존적인 성향이 강한 편이라 아주 작은 일부터 혼자 해볼 수 있는 기회를 주고 성공했을 때 성취감을 느낄 수 있도록 칭찬해 주면서 독립심을 길러 주는 것도 필요합니다.

반면 이 기질이 낮은 아이들은 타인의 감정에 대한 공감 능력이 부족하거나 자기 뜻대로만 하려고 고집을 부릴 수 있어요. 이는 다른 사람과의 관계 형성을 어렵게 만드는 요인이 될 수 있죠. 이 경우에는 부모가 이러한 약점을 보완해 줄 수 있는 태도를 유지하고 그에 맞는 육아 환경을 조성하는 것이 중요합니다.

④ 인내력 기질

인내력 기질 유형은 어떤 보상이 생기지 않더라도 하고자 하는 일은 끝까지 합니다. 예를 들어, 선생님이나 부모의 칭찬이 없어도 스스로 원하는 성취를 얻기 위해서 목표를 세우고 달성해 가는 인내력을 보이죠. 해야 할 일은 스스로 계획하고 추진해 나갈 수 있는 내면의 힘을 가지고 있어 엄마가 "숙제하고 놀아!"라고 하지 않아도 친구가 놀자고 할 때 "나 숙제하고 놀아야 해!"라고 말하고 해야 할 일을 우선 수행할 수 있어요.

학령기에 인내력 기질의 아이들을 보면 '스스로 해야 할 일을 챙기는 것이 참 대견스럽다.'라고 느낄 수 있지만 영유아 시기에는 소위 말해 '내가병'이 또래에 비해 더 뚜렷하게 나타납니다. 아직 소근육 발달이 미숙함에도 외투 단추를 잠그거나 양말을 신을 때 무조건 자기가 스스로 해내야 하죠. 잘되지 않으면 짜증을 내고 울기도 하지만 끝까지 엄마가 도와주는 손길은 거부합니다.

인내력 기질 육아법

인내력 기질의 아이들은 다른 양육자가 얼핏 보면 뭐든 시키지 않아도 해야 할 일을 하고 대체로 도움 없이도 스스로 해내기 때문에 '참 키우기 수월하겠다.'라고 생각하거나 '뭐든 열심히 하는 모습을 가진 아이라 너무 부럽다.' 하고 생각할 수 있어요. 하지만 정작 이 기질이 강한 아이를 키우는 부모는 아이가 승부욕이 강하고 자기 고집도 강해서 키우기

◆

인내력 기질을 가진 아이들은 영유아 시기에 소위 말해 '내가병'이 또래에 비해 더 뚜렷하게 나타납니다. 아직 소근육 발달이 미숙함에도 외투 단추를 잠그거나 양말을 신을 때 무조건 자기가 스스로 해내야 하죠. 잘되지 않으면 짜증을 내고 울기도 하지만 끝까지 엄마가 도와주는 손길은 거부합니다.

가 만만치 않다고 얘기합니다.

뭐든 포기하지 않고 끝까지 해내려는 끈기와 인내심은 칭찬해야 하지만 너무 과도하게 높은 목표를 설정하거나 힘들어도 포기할 줄 모르는 완벽주의적인 성향은 본인을 더욱 힘들게 할 수 있으므로 보다 상황을 유연하게 대처할 수 있도록 도와주어야 합니다.

반대로 인내력 기질이 약한 아이의 경우 새로운 환경에 유연하고 빠르게 적응할 수 있다는 강점을 가졌지만 끈기를 가지고 오랫동안 지속해야 하는 과제를 힘들어하거나 너무 쉽게 포기해 버리는 경향성이 있어 이러한 약점을 보완해 줄 수 있는 육아 환경 및 태도가 필요합니다.

내 아이의 기질 체크법

아이 기질을 파악한다면 아이를 이해하는 데 도움이 될 거예요. 앞서 설명한 것처럼, 아이들은 두 가지 이상의 기질이 동시에 강하거나 약할 수 있으므로, 이 점을 유의하며 관찰해야 합니다.

여기서는 간단한 체크리스트를 통해 기본적인 기질을 파악할 수 있는 방법을 소개하지만 이는 개략적인 이해를 위한 도구일 뿐, 더 정확한 판단을 위해서는 전문적인 TCI(Temperament and Character Inventory) 검사를 받아보시는 것이 좋습니다.

▸ **위험회피 기질**

□ 새로운 환경에 적응하는 데 시간이 오래 걸리는 편인가?

□ 낯선 사람에 대한 낯가림이나 경계가 심한가?

□ 처음 시도 하는 것에 대한 두려움이나 긴장감이 높은가?

□ 안정적이고 익숙한 방식을 좋아하는가?

□ 한 가지 일에 집중력을 보이는가?

□ 겁이 많고 조심성이 많은 편인가?

□ 질서나 규칙을 중요시하는가?

▸ **자극추구 기질**

☐ 새로운 것에 대한 호기심이 강하고 열정적인가?

☐ 모험심과 도전정신이 강해 다소 위험한 행동도 즐기는 편인가?

☐ 새로운 환경에 적응력이 빠르고 적극적인 모습인가?

☐ 행동이 재빠르고 충동적인 모습을 종종 보이는가?

☐ 질문이 많고 에너지 절제가 어려운가?

☐ 싫증을 빨리 내고 쉽게 지루해 하는가?

☐ 지속적인 노력이나 인내심이 부족한 편인가?

☐ 자기감정에 대한 표현이 강한가?

▸ **사회적 민감성 기질**

☐ 마음이 여리고 감수성이 풍부한가?

☐ 부모와의 관계를 중요하게 생각하고 잘 따르는가?

☐ 칭찬과 인정받는 것을 좋아해서 더 열심히 하려 하는가?

☐ 다른 사람의 감정에 민감하게 반응하며 눈치를 많이 보는 편인가?

☐ 타인에게 의존적인 모습을 보이는가?

☐ 친구나 부모와 함께 놀기를 좋아하는가?

☐ 감정 기복이 있는 편인가?

▸ **인내력 기질**

□ 한 번 시작한 일은 끝까지 지속하는가?

□ 해야 할 일을 스스로 잘 해내는가?

□ 완벽주의적인 모습을 보이는가?

□ 실패하더라도 끈기 있게 시도하는가?

□ 승부욕이 강한 편인가?

□ 융통성이 부족한 모습을 보이는가?

□ 자기 고집이 강해 부모나 친구와 갈등이 자주 발생하는가?

3

우리 집만의 육아 원칙을 세워라

원칙이 없는 육아는 망하는 지름길이다

매주 강연장에서 만나는 부모님들의 고민은 비슷합니다. "밥 먹을 때 아이가 너무 돌아다녀요.", "잠자리에 들 때면 끝없이 무언가를 요구하는데 어디까지 들어줘야 할지 모르겠어요." 해결책이 보이지 않는 이런 고민들 속에서 많은 부모님들이 답답함을 느끼곤 합니다. 하나하나 들어보면 일상의 작은 일들이지만 이런 상황이 매일 반복되면 지치고 힘들 수밖에 없죠. 육아를 해 보지 않은 사람은 감히 짐작하기 어려울 겁니다.

제가 "지금은 어떻게 대처하고 계신가요?"라고 여쭤보면, 대부분 "이 방법 저 방법 다 시도해 봤는데 저희 애는 바뀌지 않더라고요."라고 고충을 털어놓습니다. 이런 이야기를 들으면 '아이의 행동을 바꾸기 위해 할 수 있는 건 다 해 봤을 텐데 얼마나 답답하고 힘들었을까?' 하는 안타까운 마음이 듭니다.

하지만 여러 가지 방법을 계속 바꿔 가며 시도하는 것은 아이의 행동을 수정하는 데 독이 될 수 있습니다. 아이 입장에서는 '이렇게 하면 엄마가 이렇게 반응하고, 저렇게 하면 저렇게 반응하는구나.' 하며 이것저것 요구할 수 있는 여지가 계속 주어지는 것이기 때문이지요.

교통신호가 없는 도로를 상상해 보세요. 운전자도, 보행자도 모두 혼란스러워할 것이고, 사고가 나도 누구의 잘못인지 가릴 수 없는 상황이 될 것입니다. 가정도 마찬가지입니다. 서로 다른 역할을 가진 가족들이 함께 살아가는 데 분명한 원칙이 없다면 모두가 혼란을 겪게 됩니다. 부모는 아이의 요구를 어디까지 들어줘야 할지 고민하고, 아이는 일관성 없는 부모의 태도에 혼란스러워하게 되는 것이지요. 그 과정에서 문제가 되는 행동이 수정되기는커녕 '떼쓰기'는 아이의 무기가 되고, '훈육'이라는 가면을 쓴 '부모의 분노'는 방패가 되는 악순환이 반복될 수 있습니다.

우리 집 육아 원칙

배고픔, 졸음, 불편함 등 생리적 욕구는 미국의 유명한 심리학자 매슬로우(A. H. Maslow)가 제시한 인간의 5단계 욕구 중 가장 기본이 되는 1단계 욕구입니다. 아이의 생리적 욕구를 충족시켜 주는 것은 큰 문제가 없습니다. 배고프면 젖을 주고, 졸리면 재우고, 기저귀가 불편하면 갈아 주면 해결되는 문제니까요.

하지만 아이가 자라날수록 더 복잡하고 다양한 욕구들을 강하게 표현하기 시작합니다. 특히 두 돌 무렵이 되면 이전과 달리 부모의 뜻대로 상황이 쉽게 정리되지 않을 때가 많아집니다. 이런 상황에서 우왕좌왕하다 소리를 질러 버리거나 좌절하지 않으려면 '우리 집만의 육아 원칙'을 반드시 정해 두어야 합니다.

이런 원칙은 신호등처럼 명확해야 합니다. 빨간불에는 모두가 멈추고 초록불에는 안전하게 건너가는 것처럼 육아 원칙도 가족 구성원 모두가 지키는 명확한 약속이 되어야 하죠.

다만 아직 자기조절력이 부족한 아이들에게 처음부터 완

벽하게 원칙을 지키기를 기대하기는 어렵습니다. 마치 아이가 사회적 규칙을 하나씩 배워가듯 가정의 원칙도 차근차근 배우고 실천할 수 있도록 부모가 일관된 태도로 반복해서 가르쳐야 합니다. 자기조절력이 부족하고 옳고 그름을 구분하기 어려운 아이에게 원칙을 가르치는 일은 시간이 필요한 과정입니다. 이런 과정 없이 바른 행동만을 기대하는 것은 현실적이지 않죠. 물론 부모의 끈기와 노력이 요구되겠지만 이는 아이의 성장을 위해 꼭 거쳐야 할 시간입니다.

그렇다면 어떻게 가르쳐야 할까요? 일상에서 어려움을 겪는 에피소드로 예를 들어 볼게요.

▶ 상황

- 두 돌쯤 되자 하이체어를 거부해서 좌식 테이블에 앉아 식사하게 했더니 밥 먹는 중에 계속 돌아다니게 되었다.

▶ 아이에게 가르쳐야 하는 원칙

- 밥 먹을 때는 돌아다니지 않는다.

▶ 원칙을 가르치기 위해 아이에게 하지 말아야 할 행동

- 따라다니면서 먹이지 않는다.
- 영상을 켜서 아이의 주의를 다른 곳으로 돌린 채 먹이지 않는다.

▶ 실전 육아에서 부모 역할

- 1단계 | 이상적인 행동 모델링 보여 주기: 정해진 식사 장소에서 식사하는 모습을 반복해서 보여 준다.
- 2단계 | 목표 행동에 대한 설명과 지도하기: "여기가 밥 먹는 자리야. 다 먹고 일어나는 거야. 이리 와서 앉아."라고 말하며 지도한다.
- 3단계 | 긍정적인 행동을 보일 때 칭찬하기: 아이가 자리로 돌아왔을 때 칭찬하여 그 행동을 강화한다.

▶ 주의

- 아이의 행동은 하루 이틀에 바뀌지 않는다는 것을 기억하고 일관되게 대처한다.

이 과정을 끊임없이 반복한 결과 '식사는 정해진 장소에서 시간 내 마쳐야 하는 것'이라는 개념이 정립되는 것입니다.

만약 돌아다니면서 먹는 아이에게 "돌아다니면서 먹으면 안 돼!"라고 말은 하지만 밥그릇을 들고 따라다니며 한 숟갈씩 먹였다면 한 달이 지나고, 두 달이 지나고, 1년이 지나도 아이에게 식사 시간에 돌아다니면서 먹으면 안 된다는 개념을 정립시킬 수 없습니다. 결국 흔들리지 않는 육아 원칙이 아이의 행동을 옳은 방향으로 이끄는 것입니다.

이 방식은 아이의 모든 행동 교육에 적용할 수 있습니다. 이러한 행동 수정 과정은 캐나다의 심리학자 앨버트 반두라(Albert Bandura)에 의해 고안된 이론을 실제로 적용한 것입니다. 반두라는 사회학습에 있어 가장 중요한 과정은 '모방'이라고 하였습니다. 그의 이론에 따르면 새로운 반응은 학습될 수 있고 다른 사람의 행동을 관찰하거나 반응결과를 통해서 변화될 수 있다고 하였습니다.

반두라의 모방학습을 효과적으로 사용하기 위한 원칙은 아래와 같습니다.

① 바람직한 행동은 가능한 여러 사람이 반복적으로 시범을 보인다.

② 모방의 내용은 쉽고 간단한 것에서 시작하여 점차 복잡하고 어려운 것으로 발전시켜 나간다.

③ 각 단계에서 적절한 언어적 설명과 지도가 수반되어야 한다.

④ 가르치는 내용이 무엇인지에 따라서 직접 보여주는 것이 효과적 일 수 있다.(예: 젓가락 바르게 잡는 법)

⑤ 각 단계마다 잘하면 칭찬을 해 주어야 한다.

온 가족이 함께 동의하는 원칙 만들기

서로 다른 환경에서 자란 엄마, 아빠가 한 팀이 되어 아이를 키우게 되니 육아에 대한 생각도 조금씩 다를 수밖에 없어요. 어떤 분은 엄격한 가정에서 자랐을 수 있고, 또 어떤 분은 자유로운 분위기에서 자랐을 수 있죠. 이런 차이는 자연스러운 거예요.

그래서 우리 아이를 위한 가족 원칙이 필요합니다. 마치 교통표지판처럼 누구나 똑같이 이해하고 따를 수 있는 기준이 있어야 해요. 엄마랑 있을 때는 되는 일이 아빠랑 있을 때는 안 된다면 아이는 어떨까요? 분명 혼란스러울 거예요.

육아 원칙을 세울 때는 양육자 모두가 함께 이야기를 나누고 동의하는 과정이 꼭 필요합니다. 한 명의 의견만으로 정해진 원칙은 시시때때로 갈등의 씨앗이 되고 그 갈등은 고스란히 아이에게 전해져 혼란을 주게 되겠죠. 어떤 것을 중요하게 여길지, 어디까지 허용할지, 문제가 생겼을 때 어떻게 대화할지 등을 함께 정해야 해요. 이것은 마치 가족이 함께 그리는 지도 같은 거예요. 모두가 같은 방향을 바라보고 가야 하니까요.

물론 이렇게 원칙을 정해도 예상치 못한 상황은 계속 생길 수 있어요. 그럴 때마다 "당신이 잘못했어.", "당신 때문에 애가 저러잖아."라고 서로를 탓하기보다는 우리 가족의 원칙이 잘 작동하고 있는지, 수정이 필요하진 않은지 함께 점검하는 시간을 가져 보세요.

아이가 아직 어려서 원칙을 정하는 데 참여하기 힘들다면 육아 퇴근 후 엄마, 아빠가 의견을 나누는 시간을 가지며 조율해 가면 됩니다. 그러다 아이가 자기 생각을 표현할 수 있는 유초등 시기가 되면 우리집 원칙을 정할 때 아이의 의견도 함께 반영해 주세요.

이렇게 집에서 실천하는 육아 원칙은 아이가 자신을 조절하고 통제해야 하는 집단생활을 할 때도 큰 도움이 될 수 있습니다. 전국의 만 3세 이상 유아, 유치반 학급에서는 학기 초에 '우리 반에는 규칙이 있어요!'와 같은 활동을 통해 선생님과 아이들이 함께 모여 교실에서 지켜야 할 규칙을 정합니다. 영아반 아이들은 규칙을 이해하고 실천하는 것을 어려워하지만 3세가 넘어가면 규칙을 이해하고 실천할 수 있는 발달 단계에 접어듭니다.

민주쌤 집의 열한 가지 육아 원칙 엿보기

저희 가족이 실천하고 있는 열한 가지 육아 원칙을 하나씩 살펴볼까요?

① 식사 전 1시간은 공복 유지하기

배고픔을 느끼는 상태에서 식탁에 앉을 수 있도록 식사 전 1시간은 간식을 제한하는 것이 좋습니다. 물이나 음료도 과하게 마시지 않도록 해 주세요. 아이가 먹을 것을 찾거나 특별히 입맛이 당기는 시기에는 식사 시간을 30분 정도 앞당기는 것도 좋은 방법입니다. 이렇게 하면 식사 시간에 자연스럽게 밥을 잘 먹게 되어 식습관과 관련한 훈육이 훨씬 수월해집니다.

② 수면 전에는 화장실 다녀오기, 물(물통)과 그림책 챙기기

잠자리에 들기 전에는 꼭 화장실부터 다녀와요. 그리고 물통과 그림책도 미리 준비해 둡니다. 이런 명확한 수면 의식이 있으면 불을 끄고 난 뒤에 추가 요구 사항 없이 편안하게 잠자리에 들 수 있어요. 예를 들어, 목이 마를 때를 대비해 물통에 소량의 물을 담아 두면 아이가 목이 마를 때 불을 켜고 나가지 않고 스스로 목을 축일 수 있죠. 단, 수면 전에 과한 수분 섭취는 건강에 좋지 않으므로 물의 양을 소량으로 제한해 주세요. 수면 의식은 가정마다 다를 수 있지만 정한 루틴을 일관되게 지키면 건강한 수면 습관이 자리 잡게 됩니다.

③ 잠자리 독서는 네 권으로 한정하기

잠자기 전에 몇 권의 책을 볼 것인지 미리 정해 놓아야 아이가 더 보겠다고 떼쓰지 않아요. 그런데 만약 아이가 매번 책을 더 보겠다고 떼를 써서 오히려 수면에 방해가 된다면 수면의식에서 잠자리 독서를 빼야 합니다. 대신 수면하러 가기 전 정적인 놀이 시간에 그림책을 충분히 읽고 잠자는 공간으로 이동하는 것이 바람직합니다.

④ 화가 날 때 소리 지르지 않고 마음 가라앉히는 시간 갖기

누구나 화가 날 수 있어요. 하지만 그 감정을 소리 지르며 표현하지 말아야 합니다. 이것은 우리 가족 모두가 함께 지켜야 할 약속이에요. 화가 나는 감정은 공감하되 잘못된 표현 방식은 그때그때 가르쳐 주세요.

⑤ 어떤 상황에서도 물건을 던지거나 때리는 등 폭력적인 행동 하지 않기

정서 표현은 결국 부모에게서 배우는 것입니다. 특히 부정적인 감정을 현명하게 다루는 법을 가르치는 것이 중요해요. 앞서 설명 드린 '반두라 이론'에 따라 엄마, 아빠가 먼저 모델링을 잘 보여 주고 아이가 모방할 수 있도록 지도해 주세요.

⑥ 남 탓을 하거나 비난하지 않기

세상을 살다 보면 비겁해질 수 있는 상황이 무수히 많습니다. 그러나 부모는 아이에게 서로를 탓하거나 비난하는 모습을 보여 주지 말아야 합니다.

⑦ 잘못한 게 있을 때는 변명하지 말고 사과하기

부모도 아이에게 실수하거나 잘못할 수 있습니다. 그럴 땐 진심으로 사과하는 것이 좋아요. 이런 모습을 보며 아이도 바르게 사과하는 법을 배우게 될 거예요.

⑧ 서로 존중하기

가족이라고 해서 누가 누구의 소유물이 되는 것은 아닙니다. 아이의 생각과 감정도 온전히 그 아이의 것이에요. 아이의 마음과 의견을 존중해 주세요.

⑨ 잘하는 것, 고마운 일, 개선된 행동에 대해서는 아낌없이 칭찬하기

칭찬해 줄 수 있는 것은 그냥 지나치지 말고 "와, 혼자서 잘했네!", "도와줘서 정말 고마워.", "지난 번보다 훨씬 나아졌어." 등 아낌없이 칭찬해 줘야 긍정적인 강화를 이끌어 낼 수 있습니다.

⑩ 서로의 이야기에 귀 기울이기

아이들은 자신의 감정을 정리해서 언어로 표현하는 것이 쉽지 않습니다. 그러므로 천천히 이야기할 수 있는 시간을 충분히 주고 경청해 주세요. 부모가 아이의 말에 귀 기울이지 않으면 아이는 마음이 급해져서 정리되지 않은 말들을 빨리 내뱉으려 하다가 말을 더듬는 습관이 생길 수 있어요. 반대로 부모가 이야기할 때는 끼어들지 않고 들을 수 있도록 알려 주세요. "엄마 지금 이야기하고 있으니 잠시만 기다려 줘."라고 말하되 너무 오래 기다리게 하진 마세요.

⑪ 훈육 시 다른 사람이 개입하거나 거들지 않기

아이를 훈육할 일이 있을 때 그 상황에 없었던 양육자가 훈육에 습관적으로 개입하는 경우가 있습니다. 어떤 집은 훈육 담당자가 정해져 있어서 아이가 문제행동을 하는 상황에 있었던 양육자가 아닌 다른 양육자가 훈육하기도 하고 어떤 경우는 두 양육자가 동시에 훈육하기도 하는데요. 훈육은 그 상황에 함께 있었던 양육자가 하되 우리집의 원칙에 따라 일관되게 진행하는 것이 바람직합니다.

★ 민주쌤의 현실 밀착 육아코칭 ★

Q 원칙과 규칙을 집에서까지 피곤하게 지켜야 할까요?

집은 가장 편한 공간인데 규칙까지 지키면서 살아야 하나 하고 많은 부모님들이 고민을 하실 것 같아요. 하지만 아직 무엇이 옳고 그른지 판단하기 어려운 아이들은 오히려 명확한 기준이 있는 것이 피로감이 덜합니다.

마치 가랑비에 옷이 젖듯이 일상에서 자연스럽게 자기조절력을 키우고 기본적인 생활 습관을 형성해 주면 아이는 점점 더 사회생활을 잘하게 됩니다. 규칙이 아이를 구속하는 것이 아니라 오히려 아이의 건강한 성장을 돕는 디딤돌이 되는 거죠.

◆

저희 아이가 45개월 때 스스로 제안했던 새로운 규칙이에요. 가족 모두가 동의했고 이날부터 자기 전에 모든 가족이 서로에게 사랑한다고 이야기한 후에 잠자리에 들게 되었답니다.

내 아이의 발달 상태를 체크하라

아이의 행동 이해하기

"도대체 너는 누굴 닮아 그러니 정말!"

아이의 행동이 이해되지 않을 때 부모라면 한 번쯤 했을 말이지요. 그런데 이해하기 어려운 아이의 행동은 아이의 발달 단계를 알고 나면 훨씬 수월하게 이해할 수 있어요. 때로는 우리가 문제행동이라고 생각했던 것이 발달 과정에서 자연스럽게 나타나는 행동일 수 있거든요.

아이가 물건을 던지고 즐거워한다면?

예를 들어 물건 던지기를 살펴볼까요? 보통 4~5세 아이들이 물건을 던지는 것은 부정적인 감정을 표현하기 위해서예요. 이때는 "화가 나도 물건을 던지면 안 돼."라고 가르치는 게 맞죠.

하지만 두 돌 전후의 아이에게도 같은 기준을 적용하면 안 됩니다. 두 돌 무렵의 아이들은 하이체어에 앉아 숟가락을 일부러 떨어뜨리고, 음식을 주물럭거리다 던지고, 물컵도 물을 조금 마시나 싶다가 보란 듯이 휙 던져 버리죠. 이런 일이 얼마나 많이 일어나면 흡착식판이라는 것이 개발되어 육아 필수템이 되었을까요?

놀이시간에도 이런 모습들은 쉽게 관찰됩니다. 블록 쌓기 놀이를 하는데 쌓는 것에는 관심이 없죠. 엄마가 네다섯 개만 쌓아도 손으로 밀고 발로 차며 무너뜨리고 깔깔거리며 즐거워합니다.

기억을 더듬어 보면 저희 아이는 이 시기쯤 바깥 놀이를 갔을 때 내리막길에 킥보드를 밀어 쪼르륵 내려보내고는 킥보드가 보도블록에 쿵 부딪혀 넘어지는 걸 정말 좋아했어요. 킥보드를 타려고 가지고 나가는 게 아니라 내리막길에서 밀어서 넘어뜨리는 걸 반복해서 보려고 들고 나갔을 정도였으니까요.

자, 이제 물건을 던지는 것에 화가 나서 부정적인 감정을 표현하는 것과는 다른 맥락이라는 것을 눈치채셨죠?

이런 행동들은 사실 아이의 중요한 발달 과정을 보여줍니다. 이 시기의 아이들은 자신이 물리적인 힘을 가해 무언가를 변화시킬 때 일어나는 현상에 매우 관심이 많거든요. "어? 숟가락을 떨어뜨렸더니 소리가 나네?", "블록을 밀었더니 와르르 무너지네?", "높은 곳에서 밀었더니 쭈르륵 내려가네?" 이렇게 물리적인 현상에 대한 호기심과 인지가 매우 발달하는 시기이기에 그만큼 관심이 폭발적으로 커지는 거죠.

이런 발달 특성을 모르면 "밥 먹을 때 숟가락 던지면 안 돼!", "엄마가 쌓은 거 무너뜨리면 안 되지!"라고 훈육만 하게 됩니다. 물론 해도 되는 것과 하면 안 되는 것의 기준을 알려주는 건 필요해요. 하지만 여기서 끝나는 게 아니라 안전하게 던지고 무너뜨리고 떨어뜨릴 수 있는 놀이를 충분히 경험시켜 주면서 아이의 호기심과 욕구도 충족시켜 주어야 합니다.

반복적으로 장난감을 뺏는 행동도 마찬가지예요. 허락 없이 남의 것을 뺏으면 안 된다는 건 당연히 배워야 할 규칙이지만 영아기에는 아직 자기중심적인 성향이 강해서 장난감을 나누거나 양보하기가 어려워요. 특히 연년생이나 쌍둥이를 키우는 부모들은 더 힘들 텐데요. 첫째가 아직 만 3세 미만이라면 "동생이랑 같이 가지고 놀아야지.", "양보해야지."라고 하기 보다는 아직 공유나 양보가 어려운 시기임을 이해하고 아이들을 잠시 분리해 주거나, 부모가 함께 놀이에 참여하면서 갈등 상황을 최소화하는 게 좋습니다. 가능하다면 같은 장난감을 아이 수만큼 준비해 두는 것도 필요하고요.

★ 민주쌤의 현실 밀착 육아코칭 ★

Q 장난감으로 매일 싸우는 형제자매, 어떻게 해야 할까요?

자녀가 둘 이상이라면 장난감을 두고 벌어지는 다툼은 피할 수 없는 일상일 것입니다. 심지어 똑같은 장난감을 사줘도 서로 다투는 경우가 많죠. 이런 상황에서는 명확한 규칙을 정하고 일관되게 적용하는 것이 중요합니다.

우선 대부분의 장난감은 함께 공유하는 것이며 먼저 가지고 놀던 사람의 장난감을 뺏으면 안 된다는 원칙을 세워 주세요. 하지만 동시에 개인 소유의 개념도 가르쳐야 합니다. 같은 종류의 장난감이나 개인 소유가 분명한 장난감의 경우에는 이름 스티커(네임택)를 붙여 누구의 것인지 명확하게 표시해 두는 것이 좋습니다. 또한 내 것이 아닌 장난감을 가지고 놀고 싶을 때는 "빌려줘."라고 먼저 허락을 구하는 습관을 들이도록 해 주세요.

아이가 거짓말을 자주 한다면?

"우리 아이가 거짓말을 밥 먹듯이 해요."

많은 부모님들이 이런 고민을 하시는데요. 이와 관련해 제가 교사로 있을 때 경험한 이야기를 들려 드릴게요.

월요일이면 아이들과 주말을 어떻게 보냈는지 이야기를 나누곤 했어요. 어느 날 한 아이가 "주말에 가족들과 비행기 타고 제주도에 다녀왔어요."라고 이야기했죠. 비행기 여행이 아이들에게는 특별한 경험이다 보니 친구들의 관심이 쏠렸어요. 그리고 다음 주 월요일, 또 다른 아이가 "나도 비행기 타고 제주도 갔다 왔어요. 호텔에서 밥도 먹고 말도 봤어요."라며 꽤 구체적으로 이야기하는 거예요. 그날 알림장에 "제주도 여행 간다는 이야기를 전달받지 못했는데 ○○가 주말에 가족들이랑 제주도 다녀왔다고 이야기하더라고요. 호텔에서 밥도 먹고 말도 보고 정말 좋은 추억이 되었나 봅니다."라고 남겼더니 아이 엄마에게서 전화가 왔어요.

"선생님, 요즘 아이가 거짓말을 너무 많이 해서 걱정이에요. 제주도는커녕 비행기도 한 번 타본 적이 없거든요. 거짓말은 나쁘다고 여러 번 혼냈는데도 또 이러네요. 더 세게 혼내야 할까요?"

아이가 거짓말을 하면 부모는 가슴이 철렁하죠. '벌써 이렇게 거짓말을 하나?', '어디서 이런 걸 배웠지?' 하고 걱정되겠지만, 영유아기의 거짓말은 발달 과정에서 자연스럽게 나타날 수 있는 현상이에요.

이 시기 아이들은 특별한 의도나 목적 없이 거짓말을 합니다. 아직 자기중심적 사고를 하는 시기이고 인지능력이 발달하는 중이라 자신과 외부 세계를 명확히 구분하지 못하거든요. 쉽게 말해서 상상하는 것, 하고 싶은 마음, 인상 깊게 보거나 들은 것들을 현실과 구분하지 못하고 실제처럼 이야기하는 거예요.

이럴 때는 "거짓말은 나쁜 거야."라고 혼내기보다 "아~ 친구가 제주도 다녀온 걸 들더니 너도 너무 가고 싶었구나? 다음에 엄마랑 꼭 가 보자."라고 말해 주세요. 아이가 상상한 것과 현실을 자연스럽게 구분할 수 있도록 도와주는 거죠. 물론 이러한 발달 단계를 지나 의도를 가지고 하는 거짓말이라

◆

이 시기 아이들은 특별한 의도나 목적 없이 거짓말을 합니다. 하고 싶은 마음, 인상 깊게 보거나 들은 것들을 현실과 구분하지 못하고 실제처럼 이야기하는 거예요. 이럴 때는 "거짓말은 나쁜 거야."라고 혼내기보다는 "아~ 친구가 제주도 다녀온 걸 듣더니 너도 너무 가고 싶었구나? 다음에 엄마랑 꼭 가 보자."라고 말해 주세요.

면 적절한 훈육이 필요합니다.

이처럼 아이의 발달 단계와 그 시기에 보이는 특징적인 행동을 미리 알고 있으면 발달에 도움이 되는 적절한 자극을 줄 수 있어요. 하지 않아도 될 훈육으로 아이에게 상처를 주거나 고치지 않아도 될 행동 때문에 부모가 지칠 필요도 없습니다.

아이 발달 체크, 선택이 아닌 필수다

2023년 국민건강보험공단은 '우리 아이 잘 크고 있나요?'라는 주제로 영유아 건강검진 발달 심화평가 권고 대상 자녀를 둔 부모들을 위한 가이드 영상을 제작하였어요. 저도 이 프로젝트에 참여하였고요. 영유아 건강검진이 단순한 신체검사를 넘어 아이의 전반적인 발달을 평가하는 중요한 도구라는 것을 누구보다 잘 알고 있기에 이 검사를 널리 알리는 일에 참여하게 되어 참 보람 있었습니다.

제가 운영하는 유튜브 채널 '이민주육아상담소'에서 소아과 전문의와 인터뷰를 진행했을 때도, 의사 선생님이 특별히 강조하신 것이 바로 이 '영유아 건강검진'이었습니다. 소아과 의사의 관점에서도 이 검진이 얼마나 중요한지를 거듭 확인할 수 있었죠.

오랜 기간 교사로 일하면서 아이들의 영유아 건강검진 결과지를 챙기는 것은 의무적으로 해야 할 일 중 하나였죠. 매월, 매년 다양한 연령대 아이들의 건강검진 결과지를 꼼꼼히 살펴보며, 각 아이의 발달 상황을 체크하고 특이사항은 없는지 주의 깊게 관찰해 왔습니다. 그 과정에서 영유아 건강검진이 아이의 발달을 체크하는 기본적이고 필수적인 검진라는 걸 깊이 인지하게 되었지요. 하지만 생각보다 아이의 영유아 건강검진을 놓치거나 크게 중요하게 여기지 않는 부모님들이 많습니다.

국민건강보험공단은 생후 14일부터 71개월 사이의 아이들을 대상으로 총 8차례의 영유아 건강검진을 실시하고 있습니다. 여기에는 신체 계측과 발달선별검사 등 아이 발달을 확인할 수 있는 다양한 검사가 포함되어 있어요.

1, 2차 검사에서는 문진 및 진찰, 신체 계측과 건강교육이 실시되고, 3차부터는 발달선별검사 및 상담이 추가로 실시됩니다. 한국 영유아 발달 선별검사(K-DST)를 이용하여 대근육 운동, 소근육 운동, 인지, 언어, 사회성, 자조의 여섯 가지 발달 영역을 평가하고 '양호, 추적검사 요망, 심화평가 권고,

지속관리 필요' 이렇게 네 단계로 결과가 체크됩니다. 심화평가 권고의 경우 발달 지연이 의심될 수 있어 발달 정밀검사 기관을 방문하여 자세한 상태를 진단해 봐야 합니다.

내 아이의 개월 수에 해당하는 검진을 놓치지 않도록 잘 챙기는 것은 선택이 아닌 필수임을 기억해 주세요. 평소 아이 발달에 걱정되는 부분이 있다면 맘카페의 '카더라 정보'를 보며 혼란스러워하지 마시고 의사 선생님이 직접 아이를 관찰하고 정확하게 진단할 수 있도록 물어볼 내용을 미리 메모해 두었다가 빠짐없이 물어보세요.

민주쌤의 육아 브이로그
✳ 영유아 건강검진

영·유아 건강검진 시기

차수	내용	시기
1차	건강검진	생후 14~35일
2차	건강검진	생후 4~6개월
3차	건강검진	생후 9~12개월
4차	건강검진	생후 18~24개월
	구강검진	생후 18~29개월

5차	건강검진	생후 30~36개월
	구강검진	생후 30~41개월
6차	건강검진	생후 42~48개월
	구강검진	생후 42~53개월
7차	건강검진	생후 54~60개월
	구강검진	생후 54~65개월
8차	건강검진	생후 66~71개월

매달 확인해야 할 우리 아이 발달 사항

아이들은 매 순간 성장하고 발달합니다. '전문가도 아닌데 어떻게 아이의 발달을 인지하고 그에 맞춰 키울 수 있을까?' 하고 걱정하시는 분들이 많으실 텐데요. 걱정 마세요. 아이의 발달을 쉽게 파악할 수 있는 방법을 알려드릴게요.

가장 먼저 할 일은 아이의 현재 개월 수보다 2~3개월 앞선 시기의 발달 특징을 찾아보는 것입니다. 육아와 일, 살림으로 바쁜 일상 속에서 공부까지 하기는 쉽지 않죠. 다행히 요즘은 신뢰할 수 있는 기관들이 아이들의 발달 특징을 카드 뉴스처럼 쉽게 정리해서 제공하고 있습니다.

예를 들어, 우리 아이가 18개월이라면 '20개월 아기 발달'을 검색해 보세요. 이렇게 앞선 시기를 보는 것은 선행학습을 위해서가 아닙니다. 아이가 새로운 행동을 보일 때 '아, 지금이 그런 시기구나.' 하고 미리 예상할 수 있어서 당황하지 않고 여유 있게 대처할 수 있기 때문입니다.

단, 영유아기는 아이마다 발달 속도가 매우 다르다는 것을 기억해야 합니다. 만약 18개월의 우리 아이가 또래보다 발달이 빠른 편이라면 22~24개월의 발달 특징을 찾아보는 것이 좋습니다. 반대로 발달이 조금 느린 편이라면 16개월 발달 특징을 보면서 아이를 이해하고 발달을 도와줄 방법을 찾아보세요.

매번 개월 수에 따라 발달 특성을 체크하는 이유는 아이의 행동을 이해하기 위해서입니다. 더 나아가 그 시기에 아이에게 필요한 자극이 무엇인지, 적절한 자극을 주기 위해 어떤 놀잇감을 준비하고 어떤 상호작용을 해야 하며 어떤 환경을 만들어 줘야 하는지 확인하기 위한 중요한 과정이라는 점을 잊지 말아야 합니다.

5

지쳐가는 부모, 이대로 괜찮을까?

육아의 질은 부모의 스트레스 관리에 달려 있다

라이브 방송이나 강연장에서 육아 고민을 나누다 보면 많은 부모가 본인들이 겪고 있는 육아 스트레스, 육아 번아웃, 산후 우울증에 대한 이야기를 털어놓습니다. 자주 듣는 이야기들은 "독박육아를 하다 보니 자주 우울해지고 갑자기 화가 나요.", "육아로 인한 피로감에 어떻게 대처해야 할지 모르겠어요.", "아이와 함께 있는데도 무기력감이 밀려와요." 등입니다. 이런 감정들은 육아를 하는 부모라면 한 번쯤은 경험했거나, 현재 겪고 있는 감정일 것입니다.

아이를 키우면서 행복을 느끼는 것은 당연합니다. 하지만 그만큼 마음이 지치고 감정 조절이 어려울 때도 많아요. 어떤 날은 육아가 힘든 노동처럼 느껴지고 아무것도 하기 싫은 날도 있을 거예요.

저 역시 양가 부모님이 모두 일하시고 남편은 매주 출장을 가는 상황에서 일과 육아를 병행하느라 많이 힘들었습니다. '이런 마음을 가져도 될까?', '누군가의 도움이 필요한 걸까?' 하는 생각이 불쑥불쑥 찾아오곤 했어요.

우리는 살면서 어떤 환경에서든 스트레스를 받습니다. 중요한 것은 그 스트레스를 잘 회복하면서 살아가는 거예요. 하지만 같은 상황이라도 사람마다 느끼는 스트레스의 정도는 다릅니다. 그래서 지금 내가 육아 스트레스를 어느 정도 받고 있는지 먼저 객관적으로 확인해 보는 것이 필요해요.

나의 육아 스트레스, 지금 몇 점일까?

다음 문항에 해당될 경우 체크합니다. '그렇다.'는 1점, '아니다.'는 0점으로 계산해 보세요.

- □ 나는 부모로서의 책임에 부담을 느낀다.
- □ 나는 우울하고 불행하다.
- □ 나는 나 자신을 잘 돌보지 못하는 것 같다.
- □ 내 아이는 다루기가 매우 어렵다.
- □ 나는 내 아이들 양육 문제에 있어서 남편(아내)과 이견이 많다.
- □ 나는 자주 '아이가 집안의 골칫거리'라는 생각을 한다.
- □ 나는 건강하지 못하다.
- □ 나는 자주 '아이를 통제할 수 없다.'라고 생각한다.
- □ 나는 아이를 그다지 칭찬하지 않는다.
- □ 아이의 좋은 행동이 눈에 잘 들어오지 않는다.
- □ 아이를 칭찬하는 등 긍정적으로 반응하기보다는 부정적인 반응을 보일 때가 더 많다.
- □ 나는 최근 잠을 푹 자지 못한다.
- □ 나는 아이를 다루기 어려워 "네 마음대로 해."라고 할 때가 더 많다.

☐ 아이를 양육하는 데 있어 일관성이 없다.

☐ 나를 도와주고 이해해 주는 사람이 없다.

☐ 화가 나는 것을 참을 수가 없다(내 성질을 이기지 못한다).

☐ 나와 아이는 정서적으로 별로 유대감을 느끼지 못한다.

☐ 아이와 함께 있을 때 나는 항상 뭔가(집안일, 장보기, 동생 돌보기)를 해야 하기 때문에 아이에게 진정한 관심을 기울이지 못한다.

☐ 우리 가족은 '서로에게 도움이 되지 못하는 방식'으로(무시하고 비난하고 방해하고 잔소리하는 식으로) 의사소통을 한다.

☐ 나는 집에 분명한 규칙을 정해 놓지 않았다.

☐ 우리 아이는 자기 성질을 이기지 못한다.

☐ 우리 아이는 쉽게 짜증을 내고 심사가 틀려 있다.

☐ 나는 아이에게 지나치게 화를 많이 낸다.

☐ 우리 아이는 제멋대로이다.

☐ 우리 집에는 일정하게 정해 놓은 일과 시간(취침, 식사, 텔레비전 시청, 독서, 놀이, 목욕 시간)이 없다.

결과 보기

20점 이상

스트레스가 아주 심하다. 전문가 상담을 통해 해결법을 찾아야 한다.

15점 이상

심한 편이다. 적극적으로 스트레스를 해소하는 방법을 찾아보도록 한다.

10점 이상

보통 정도이다. 올바른 양육 철학을 세우고 스스로 편안해지도록 노력한다.

※출처: 《6세 아이에게 꼭 해줘야 할 59가지》(중앙M&B 편집부)

육아 번아웃, 이렇게 예방하고 극복하자

육아를 하다 보면 스트레스가 쌓이기 마련입니다. 하지만 이 스트레스가 계속 쌓이기만 하고 해소되지 못하면 육아 번아웃이 찾아올 수 있어요. 육아 번아웃은 마치 휴대폰 배터리가 완전히 방전된 것처럼 우리의 에너지가 모두 소진되어 버린 상태를 말합니다. 아무것도 하고 싶지 않고, 하루 종일 누워만 있고 싶고, 충분히 잠을 자도 피곤이 풀리지 않는 느낌…. 바로 이런 상태가 번아웃이에요.

앞서 말씀드린 육아 스트레스 테스트에서 15점 이상이 나왔거나 이런 증상들이 있다면 더 이상 혼자 끌어안고 있지 말고 이렇게 대처해 보세요.

서로의 지지자가 되어 주기

육아 번아웃의 가장 무서운 점은 혼자서는 극복하기 어렵다는 거예요. 스스로 '힘내자!' 하고 마음을 다잡아 보려 해도 이미 너무 많은 에너지를 써 버려서 그럴 만한 여력이 남아 있지 않죠. 그래서 가장 먼저 해야 할 일은 주변에 도움을 요청하는 것입니다. 남편이나 가족들에게 지금 내 상황을 있는 그대로 이야기해 보세요. 가능하다면 현재 나에게 필요한 게 무엇인지, 구체적으로 어떤 도움이 필요한지 정확하게 전달하고 도움을 받을 수 있도록 해야 합니다.

아이를 잘 아는 담임 교사나 전문가의 도움 받기

육아 번아웃의 주된 원인 중 하나는 아이의 반복적인 행동으로 인한 피로감입니다. 아이가 어린이집에 가기 싫어 해서 매일 아침 등원 전쟁을 하는 경우, 밥을 잘 안 먹어서 식사 시간마다 아이와 실랑이를 벌이는 경우, 재우러 들어가면 1시간을 안 자고 버티는 경우 등 이런 일들이 매일 반복되는 상황이다 보니 지칠 수 있어요. 처음에는 이것도 해 보고 저것도 해 보면서 아이에 맞는 해결책을 찾으려 노력하지만 시간이 지날수록 아이가 떼쓰기 시작하면 '또 시작이네.' 하는 마음이 들면서 반응해 줄 여유도 갖기 힘들죠.

그러면 아이는 어떤 반응도 없는 엄마의 모습을 보고 더 큰 반응을 이끌어 내기 위해 더 심하게 떼를 쓰는 경우가 많아요. 이럴 때는 기관의 교사나 전문가에게 도움을 받는 것이 필요합니다. 매일 가장 오랜 시간 아이를 관찰하고 아이에 대한 정보를 공유할 수 있는 담임교사나 원장 선생님에게 털어놓아 보세요. 이렇게 가정과 기관이 연계하여 해결방안을 모색하는 것이 효과적입니다. 그러면 아이의 행동도 더 쉽게 개선될 것이고 엄마 또한 공감과 위로를 받을 수 있을 거예요.

혹시 기관에 털어놓기 난처하거나 어려운 상황이라면 거주하고 있는 곳의 육아종합지원센터에 방문하여 도움을 받아 보는 것도 좋은 방법입니다.

나를 돌보는 시간 가지기

나를 돌보는 시간을 확보하는 것은 육아 번아웃 극복의 핵심입니다. 번아웃 상태에서는 아이 돌봄에 모든 에너지를 쏟다 보니 자신을 돌볼 여유를 잃기 쉽고, 이는 더 깊은 우울감으로 이어질 수 있습니다. 따라서 지금 육아 번아웃을 경험하고 계시다면 작은 것부터 시작해 자신을 돌보는 시간을 만들어 보세요.

아침에 일어나 맨 처음 하는 양치질, 매일 챙겨 먹는 영양제, 짧은 시간의 유산소 운동이나 홈트레이닝, 하루를 마무리하며 상쾌한 샤워를 한 후 혼자만의 시간을 갖는 등 소소하지만 의미 있는 자기 관리 루틴을 만들어 가는 것이 중요합니다. 이렇게 나를 돌보는 소소한 일부터 시작해 보세요.

행복하고 건강한 부모가 되기 위한 세 가지 실천

① '나'의 시간 확보하기

아침부터 저녁까지 아이 돌보기, 집안일, 직장 업무까지 정신없이 하루를 보내다 보면 나를 위한 시간을 갖기가 쉽지 않습니다. 하지만 육아에 지친 상태로 하루를 마무리하면 '환기'할 시간이 없어 다음 날도 똑같이 지치고 힘든 상태로 육아를 시작하게 됩니다. 이는 결국 부모와 아이 모두 질 높은 시간을 보내지 못하는 결과를 낳게 되죠. 그렇기에 길지 않더라도 온전히 나만을 위한 시간을 확보하는 것이 매우 중요합니다.

② 나만의 소확행(소소하지만 확실한 행복) 찾기

하루 육아를 마친 후 보내는 '나만의 시간'에는 특별한 무언가를 하지 않더라도 소소하지만 확실한 행복을 느낄 수 있는 것을 해 보세요. 제 경우에는 드라마와 예능을 무척 좋아했지만 늘 밀린 업무를 처리하느라 노트북을 붙잡고 있었어요. 그러면서도 하루를 이대로 끝내고 싶지 않은 마음에 드라마나 예능을 켜놓은 상태로 일을 했죠. 일도 하면서 동시에 드라마나 예능을 보려니 둘 다 제대로 되지 않았지요. 그래서 찾은 방법이 욕실에서 따뜻한 물에 몸을 담그고 30~40분 정도 좋아하는 프로그램을 보는 것이었습니다. 이것이 바로 저만의 소확행이 되어 주었어요. 하루의 피로도 풀리고 몸도 개운해지면서 확실한 '환기' 효과를 얻을 수 있었습니다.

무엇이든 좋습니다. 운동이든 독서든 아이를 어린이집에 맡기고 혼자만의 카페 시간을 갖는 것이든 말이죠. 중요한 것은 규칙적으로 마음을 환기하고 에너지를 채워 줄 수 있는 나만의 소확행을 찾는 것입니다.

③ '나다운' 육아 하기

요즘은 SNS에서 다른 부모들의 육아 모습을 쉽게 볼 수 있습니다. 이런 게시물을 보면서 '나는 왜 저렇게 못할까?', '나는 왜 이렇게 부족한 엄마일까?', '아이에게 미안하다.' 하고 생각하는 분들이 있는데요. 보여지는 다른 사람의 육아는 늘 완벽해 보이지만 그 누구도 매 순간 완벽할 수는 없어요. 저 역시 불규칙한 업무와 출장으로 아이에게 미안한 마음이 들 때가 있고 형제자매를 키우는 가정을 볼 때면 동생을 만들어 주지 못하는 것에 대한 죄책감을 느끼기도 합니다. 이는 우리 모두가 경험하는 감정일 것입니다.

하지만 육아는 하루 이틀, 1~2년 하고 말게 아니잖아요. 일단 아이를 낳으면 중도에 하차할 수도, 포기할 수도 없습니다. 그렇기에 나만의 페이스를 찾는 것이 가장 중요합니다. 오늘 하루 내가 할 수 있는 만큼 최선을 다했다면 그것으로 충분합니다.

육아는 마라톤과도 같습니다. 매 순간 전속력으로 달릴 수는 없지만, 나만의 페이스를 유지하면서 때로는 지치고 넘어지더라도 다시 일어설 수 있는 속도로 조절해 가는 것이 중요합니다. 다른 사람의 육아는 단지 '참고자료'일 뿐, 진정으로 중요한 것은 '나다운' 육아를 해 나가는 것임을 꼭 기억하세요.

아이를 낳기 전에도 저는 오랫동안 교사이자 부모교육 강사로 일하며 부모님들을 만나 교육과 상담을 했어요. 그때는 주로 아동 발달에 관한 이론을 설명하고 이해시키는 데 중점을 두었지요. 그것만으로도 바빴으니까요. 온갖 연구와 논문, 이론 중심으로 설명을 하다 보면 대부분의 부모님들이 "머리로는 알겠는데 적용하기가 어려워요.", "들을 땐 알지만 실천이 어려워요."라고들 하셨어요. 그런데 제가 아이를 낳고 온전히 24시간 매달려 육아를 해 보니 그제야 부모님들의 그 말씀이 피부로 와닿았어요.

실제 육아에서 엄마가 힘든 이유는 '수면의 중요성' 같은 이론을 몰라서가 아닙니다. 매일 밤 잠들기를 거부하는 아이를 재우느라 한 시간씩 씨름하다 지쳐서 결국 소리를 지르게 되는 거죠. '올바른 식습관'이 얼마나 중요한지 잘 알지만 매 끼니 편식은 기본이고 밥을 입에 물고 있다가 뱉어 내는 아이를 보면 도대체 어디서부터 어떻게 시작해야 할지 막막하기만 합니다. 툭하면 떼쓰고 소리 지르며 드러눕는 아이를 보면 '내가 뭘 잘못하고 있나?', '무엇을 놓치고 있지?' 하며 자책하게 되지요.

이 책의 2부에서는 매일이 도전이자 시행착오인 부모님들이 실전 육아에서 겪는 어려움을 속 시원하게 해결할 수 있도록 신체발달, 언어발달, 사회 · 정서발달, 인지발달, 생활습관영역, 이렇게 다섯 가지 영역으로 나누어 매뉴얼을 제시합니다. 오늘부터 바로 시도해 보실 수 있는 실용적인 육아 방법들을 만나 보시게 될 것입니다.

PART 2

발달 영역별 맞춤 육아 솔루션

1

신체발달은 모든 발달의 토대다

아이의 자조능력, 신체 발달이 먼저다

"밥 먹을 때 아직도 손으로 먹어요. 식습관 교육을 어떻게 해야 할까요?"

"연필을 잡고 쓰는 활동을 좋아하지 않아요."

많은 아이들이 밥을 먹을 때 숟가락, 포크, 젓가락과 같은 도구를 사용하는 대신 손으로 집어 먹곤 합니다. 이때 많은 부모님들은 이를 식습관 교육의 실패로 여기고 걱정하시죠. 그래서 식사 시간 내내 도구 사용을 가르치려 하고, 여러 번 알려줘도 계속 손으로 먹으면 "안 돼!"라며 야단을 치거나 "밥 치울 거야."라고 엄포를 놓기도 합니다.

하지만 만 3세 이전의 영아기 아이들이 도구를 사용하지 않고 손으로 먹는 근본적인 이유는 식습관 교육의 부재가 아닌 신체발달의 미숙함에 있습니다. 이 점을 인식하지 못한 부모들은 계속해서 아이 손에 숟가락과 포크를 쥐여 주려 하고, 아이들은 아직 서툰 도구 사용이 불편하니 짜증을 내면서 매 끼니가 전쟁터가 되곤 합니다.

식사 시간은 아이들이 배고픈 상태이기 때문에 최대한 편안한 분위기에서 식사할 수 있도록 도와주어야 합니다. 특히 식사에 대한 흥미가 적어 집중하지 못하는 아이들의 경우, "이렇게 해야 해.", "저렇게 하면 안 돼."라며 식사 시간을 불편하게 만드는 것은 바람직하지 않습니다. 이 시기에는 즐겁게 식사하면서 다양한 음식을 경험하고 맛을 음미하는 것만으로도 충분합니다. (도구 사용법과 신체발달을 돕는 구체적인 방법은 뒤에서 자세히 다루도록 하겠습니다.)

이처럼 신체발달은 아이가 스스로 무언가를 시도하는 자조 능력(식사하기, 대소변 처리하기 등 독립적인 일상생활을 하는 데 필요한 기본적인 능력)의 기초가 됩니다. 배변훈련을 할 때는 스스로 바지를 내리고 올릴 수 있어야 하고, 이를 닦거나 세수를 할 때도 결국 소근육이 발달해야 가능합니다. 지퍼나 단추를 잠글 때도 눈과 손의 협응 능력이 길러져야만 할 수 있습니다. 유치원에 가면 신발을 신고 벗거나 물통 뚜껑을 열어 물을 마시는 것도 스스로 할 수 있어야 하죠.

이러한 모든 자조 기술들은 대근육과 소근육이 충분히 발달하고 각 신체 기관이 조화롭게 움직일 수 있을 때 비로소 가능해집니다. 따라서 아이의 발달 단계에 맞춘 적절한 지원과 기다림이 필요합니다.

아이가 손으로 밥을 먹거나 연필 잡기를 어려워할 때는 '왜 이렇게 못하지?'라고 걱정하기보다는, '아직 근육들이 이 동작을 할 만큼 발달하지 못했구나.'라고 이해해 주세요.

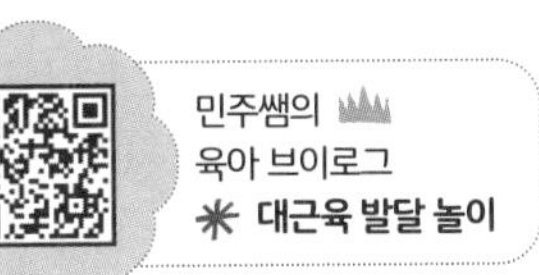

유아기 쓰기 활동의 핵심, 소근육 발달

4~6세 유아기가 되어도 크게 다르지 않습니다. 보통 3~4세

쯤 되면 색연필을 사용해 그리고 색칠하는 등 끼적이기 활동을 본격적으로 시작합니다. 그러다 4~6세 시기에 문자에 관심을 갖고 읽기나 쓰기를 시도하는데요. 이때 아이들은 글자를 정확하게 인지하지 못해도 쓰기 도구를 활용해 무언가 끼적이는 활동에 굉장한 관심을 가집니다.

하지만 글자에 대한 관심과 호기심이 커지는 이 단계에서 소근육 발달이 미숙한 아이들은 첫 번째 큰 어려움을 마주하게 됩니다. 이 아이들은 글자를 쓰려고 시도하지만 손에 힘이 부족해 자신이 원하는 대로 글자를 쓰지 못하는 상황에 처하게 됩니다. 하고 싶은 욕구와 호기심은 크지만 의도한 대로 결과물이 나오지 않다 보니 점차 흥미를 잃게 되고, 결국에는 쓰기 활동 자체를 거부하게 되는 경우가 많습니다. 우리가 평소 잘 쓰지 않는 왼손으로 글씨를 쓰거나 젓가락질을 할 때 느끼는 답답함을 떠올려 보면 이런 아이들의 마음을 조금이나마 이해할 수 있을 것입니다.

반면 영아기부터 꾸준히 소근육 발달을 돕는 놀이를 적극적으로 해온 아이들은 매우 다른 결과를 보여줍니다. 이런 아이들은 자신이 쓰고 색칠한 결과물이 선명하고 의도한 대로 나오기 때문에 이러한 활동에 대한 흥미를 지속적으로 이어갈 수 있습니다.

그래서 "우리 아이는 쓰기 활동이 너무 부족해요."라고 걱정하시는 부모님들께 이렇게 말씀드리고 싶습니다. 한글 자체에 대한 관심이 부족해서가 아니라 소근육 발달이 미숙하여 쓰기 활동에 어려움을 겪는 경우도 많습니다. 그러므로 영아기부터 대근육과 소근육, 즉 전반적인 신체발달을 돕는 것은 선택이 아닌 필수적인 과정이라는 점을 꼭 기억해야 합니다.

★ 민주쌤의 현실 밀착 육아코칭 ★

Q 아이가 무엇이든 입으로 가져가는데 어떻게 대처해야 하나요?

구강기의 아이들은 손에 잡히는 것은 무엇이든 입으로 가져가려 합니다. 카페나 공공장소에서 부모와 아이들을 관찰하다 보면 한 장소에서 오래 머물기 힘들어하는 아이들이 칭얼거리고 부모는 그런 아이를 달래느라 애쓰는 모습을 자주 볼 수 있죠. 그러다가 아이가 무언가를 손에 쥐고 입으로 가져가려 하면 "지지야~."라며 자연스레 빼앗아 버립니다.

하지만 아이와 외출할 때는 다른 접근이 필요합니다. 아이가 손으로 만지고 입으로 탐색할 수 있는 안전한 물건들을 미리 챙기거나 현장에서 입에 넣어도 괜찮은 물건을 찾아 쥐게 해 주는 것이 좋습니다. 아이 입장에서는 아기띠에 매여 있거나 아기 의자에만 앉아 있는 것만도 답답한데 뭔가를 탐색하려 할 때마다 빼앗기기만 하고 대체할 만한 것도 없다면 지루함과 짜증이 커질 수밖에 없습니다.

이런 상황에서는 칭얼대는 아이를 안고 흔들며 진땀 빼는 대신 아이가 손으로 만지고 입으로 탐색할 수 있는 적절한 물건을 제공해 보세요. 아이의 호기심을 충족시켜 주는 것을 넘어서 눈과 손의 협응 능력을 키우고 자발적인 탐색을 통한 인지 발달을 돕는 소중한 기회가 됩니다. 게다가 부모도 덜 힘들게 시간을 보낼 수 있죠.

제 경우에는 아이가 다섯 살이 된 지금도 외출 시에는 항상 아이가 가지고 놀 수 있는 물건들이 담긴 외출용 케이스를 챙깁니다. 어릴 때부터 이런 탐색 경험이 충분히 쌓인 아이는 카페에서 어른들이 대화를 나눌 때도 자신만의 활동에 집중할 수 있는 능력을 갖추게 됩니다. 물론 모든 아이가 오랫동안 가만히 앉아 있기는 힘들다는 점도 항상 염두에 두어야 하죠.

오늘부터 아이가 좋아하는 놀잇감이 가득한 외출용 케이스를 만들어 활용해 보세요. 외출 시간이 한결 수월해질 것입니다.

1층에서 2층으로, 2층에서 3층으로 올라가려면 한 계단씩 밟아 가야 하는 것처럼 아이의 발달도 마찬가지입니다. 같은 경험이 쌓이고 쌓여야 비로소 그 영역이 발달하고 능숙해질 수 있습니다.

어른도 처음 운동을 배울 때는 평소 쓰지 않던 근육을 써야 해서 내 몸이 맞나 싶을 정도로 어색하고 힘이 잘 들어가지 않죠. 기본 동작을 계속 반복하면서 차츰 근육도 생기고 기술도 익혀 가게 됩니다. 우리 아이들도 똑같아요.

신체발달은 설명을 듣고 이해한다고 해서 되는 게 아닙니다. 이제 막 걷고 뛰기 시작한 아이들은 한 가지 동작을 익히는 데도 정말 오래 걸리죠. 이때 부모가 해줄 수 있는 가장 좋은 것은 무엇일까요? 답답해하지 않고, 흥분하지 않고, 다그치지 않는 것. 즉, 기다려주는 자세입니다. 그래야 아이들이 계속해서 시도해 볼 수 있어요.

아이가 일상에서 마주치는 많은 상황들을 부모가 직접 해결해 주면 훨씬 빠르고 효율적이겠죠. 양말을 신는 것만 해도 부모가 도와주면 단 5초 만에 끝날 일을 아이 혼자 하면 몇 분이 걸릴 수도 있습니다. 식사 시간에 숟가락으로 밥을 떠서 먹여 주면 흘리지 않고 깔끔하게 끝나겠지요. 귤을 깔끔하게 까서 한 알씩 입에 넣어 주면 부모는 아이 옷에 과일물이 들지 않아서 좋고, 아이는 수고스러움 없이 편하게 먹을 수 있어서 좋을 것입니다.

당연히 이 시기의 아이들은 능숙하게 해낼 수 있는 일보다 아직 서투른 일이 훨씬 많습니다. 게다가 아이마다 발달 속도가 다르고 가정마다 선호하는 육아 방식도 다양하지요. 그러나 한 가지 변하지 않는 사실은 모든 발달 과정의 주체는 바로 아이 자신이라는 점입니다.

스스로 식사 도구를 사용하려 할 때, 한글에 관심을 보이며 연필을 잡으려 할 때, 화장실 가는 것을 배우려 할 때 등 일상생활의 다양한 순간마다 아이들은 끊임없이 새로운 도전을 합니다. 이때 경험 부족이나 신체발달의 미숙함이 아이의 성장을 가로막는 장애물이 되지 않도록 우리는 부모로서 충분한 시도의 기회를 제공해야 합니다.

비록 당장은 서툴고 시간이 오래 걸리겠지만 이러한 경험의 축적이야말로 아이의 건강한 발달을 이끄는 가장 훌륭한 선생님이 될 것입니다. 오늘도 아이에게 스스로 해볼 수 있는 기회를 충분히 주고 그 과정을 기다리는 마음으로 지켜봐 주세요.

반복 지옥에 빠지는 순간을 포착하라

"아이의 발달을 어떻게 도와주면 좋을까요?"

이 질문에 대한 답을 구체적으로 해 보겠습니다. 영아기부터 시작할 수 있는 방법인데요. 신체발달뿐 아니라 사회성 · 정서발달, 인지발달 등 모든 영역에 긍정적인 영향을 줄 수 있으니 꼭 실천해 보세요.

먼저 일상에서 아이를 세심하게 관찰하여 반복되는 행동을 발견하는 것이 중요합니다. 예를 들어, 아기가 처음 뒤집기를 배우면 눈을 뗄 새도 없이 계속해서 뒤집기를 시도합니다. 이런 현상을 소위 '뒤집기 지옥'이라고 부르죠. 좀 더 발달하면서 계단 오르내리기 재미에 빠지게 되는데 아마 아이를 키워본 분이라면 아이가 계단 지옥에 빠졌던 순간을 기억하실 겁니다. 제 아이가 생후 14~15개월이 되던 무렵, 4층짜리 카페에서 커피 한 모금 겨우 마시고 계단만 수없이 오르내렸던 기억이 생생합니다. 더 성장하면서는 안전 가위로 색종이, 도화지 할 것 없이 종이를 끊임없이 자르는 '가위 지옥'에 빠지기도 하죠.

이처럼 아이가 특정 행동을 끊임없이 반복할 때, 그것은 바로 그 순간 아이가 집중적으로 발달하고 있는 영역을 보여 주는 신호입니다. 새로운 능력을 획득했을 때 그것을 계속 시도하고 싶어 하는 것은 인간의 자연스러운 본능입니다. 특히 누가 시키지 않아도 스스로 반복하는 행동이라는 것은 '흥미'가 바탕이 된 것이므로 이는 발달을 촉진하는 가장 좋은 마중물이 됩니다.

그렇다면 이런 순간을 포착한 부모는 어떤 역할을 해주어야 할까요? 예를 들어 '뒤집기 지옥' 시기에는 아이가 마음껏 뒤집기를 연습할 수 있도록 안전한 공간을 확보하고 부드러운 매트를 깔아 주어야 합니다. '계단 지옥' 시기라면 "그만해!"라고 제지하기보다는 안전하게 계단을 오르내릴 수 있는 장소를 찾아 데려가 주는 게 좋습니다. 만약 '가위질 지옥' 시기가 찾아왔다면 "종이 아깝잖아."라는 말 대신 이면지나 지난 광고지 등 마음껏 잘라 볼 수 있는 재료를 충분히 제공해 주세요.

이처럼 아이의 반복적인 행동을 제지하거나 막는 것이 아니라 안전하게 충분히 경험할 수 있는 환경을 만들어 주는 것이 부모의 역할입니다. 아이에게는 이 모든 것이 즐거운 놀이가 되고, 이러한 놀이를 통한 무한 반복의 경험이 바로 건강한 발달을 이끄는 핵심 동력이 되는 것입니다.

결국 아이의 발달을 돕는 가장 좋은 방법은 아이가 스스로 관심을 보이는 행동을 파악하고, 그것을 안전하게 시도해 볼 수 있는 환경과 기회를 제공하는 것입니다. 이러한 지지와 격려 속에서 아이는 자연스럽게 다음 발달 단계로 나아갈 수 있는 힘을 기를 수 있습니다.

일상의 놀이로 아이의 흥미를 확장하라

"우리 아이 개월 수에 맞는 놀이가 무엇인가요?"

이 질문도 참 많이 받는데요. 사실 우리 아이들이 이미 그 답을 보여 주고 있어요. 앞서 말씀드린 것처럼 아이가 반복적으로 보이는 행동은 곧 그 아이의 '흥미'를 나타내는 것이므로, 이것이 바로 적절한 놀이를 선택하는 출발점이 되어야 합니다.

아이들은 자신의 관심사를 매일매일의 행동으로 보여 줍니다. 예를 들어, 아이가 잡고 서기를 좋아하고 오르내리기를 반복한다면, 이는 대근육을 쓰고 싶다는 신호입니다. 이런 아이에게는 끌차나 다양한 탈 것들을 제공해 주세요. 균형감각을 키우면서 종일 신나게 놀 수 있을 거예요.

가위질에 푹 빠진 아이는 손가락을 정교하게 움직이는 것에 호기심이 생긴 거예요. 이럴 때는 가위뿐 아니라 다양한 도구를 경험하게 해 주세요. 예를 들어 손가락 미세 근육들을 사용해야 하는 집게나 국자 등 다양한 도구를 제공하면 흥미를 확장시킬 수 있고 눈과 손의 협응 능력 발달로 이어지게 됩니다.

색연필이나 크레용으로 끼적이기를 좋아하는 아이들에게는 흰 종이 외에도 다양한 색깔의 종이나 여러 재질의 지류(부드러운 한지, 까칠까칠한 사포지, 울퉁불퉁한 골판지 등)를 제공하면 좋습니다. 이를 통해 아이의 흥미를 확장시키면서 더욱 풍부한 감각 경험을 제공할 수 있습니다.

손으로 먹는 아이들의 경우를 다시 한번 살펴보겠습니다. 이런 아이들에게 '식습관 교육'의 시작점은 식탁이 아닌 일상적인 놀이가 되어야 합니다. 식사 도구 사용을 익히기 위해서는 먼저 국자, 숟가락, 포크 등을 놀이 도구로 즐겁게 경험하는 과정이 필요합니다. 예를 들어, 국자로 편백 조각이나 곡식을 떠 보는 놀이를 통해 숟가락을 잡고 음식을 뜰 때 필요한 손가락과 손목 근육의 움직임을 익히고 힘을 조절하는 능력을 자연스럽게 익힐 수 있습니다.

도구 사용이 미숙한 아이에게 식사 시간마다 제지하고

지적하는 것은 오히려 역효과를 낳을 수 있습니다. 이는 매 식사 시간을 아이에게 곤욕을 치르는 시간으로 만들 위험이 있기 때문입니다. 식습관 교육의 가장 중요한 목적은 '식사 시간을 긍정적으로 인식하고, 즐겁게 식사하며, 자신에게 필요한 만큼의 영양을 섭취하는 것'임을 잊지 말아야 합니다.

이처럼 아이의 발달을 돕기 위해서는 그 아이가 보이는 흥미 영역과 일상생활 속 놀이를 적절히 연결하여 활용하는 것이 중요합니다. 이러한 접근은 아이가 자연스럽게 새로운 기술을 습득하고 발달해 나가는 데 큰 도움이 될 것입니다.

민주쌤의 육아 브이로그
* 소근육 발달 놀이

◆

식사 도구 사용을 익히기 위해서는 먼저 국자, 숟가락, 포크 등을 놀이 도구로 즐겁게 경험하는 과정이 필요합니다. 예를 들어, 국자로 편백 조각이나 곡식을 떠 보는 놀이를 통해 숟가락을 잡고 음식을 뜰 때 필요한 손가락과 손목 근육의 움직임을 익히고 힘을 조절하는 능력을 자연스럽게 익힐 수 있습니다.

★ 민주쌤의 현실 밀착 육아코칭 ★

Q 몸으로 하는 놀이만 즐기는 우리 애, 어떡하죠?

동적인 활동을 즐기는 아이들은 일단 충분한 신체 활동을 통해 에너지를 발산해야 합니다. 이후 정적인 활동을 할 때는 학습이나 부모 주도의 활동을 일방적으로 제시하기보다 아이의 관심사를 중심으로 활동을 구성하는 것이 효과적입니다. 예를 들어 자동차나 기차를 좋아하는 아이라면 블록으로 멋진 주차장을 만들거나 바닥에 테이프로 도로를 그려서 자동차 놀이를 즐길 수 있겠죠? 교통기관 퍼즐 맞추기도 좋은 방법이 될 수 있습니다.

이러한 접근의 핵심은 아이가 '앉아서 하는 활동도 즐겁다.'는 것을 스스로 경험하게 하는 데 있습니다. 아이가 좋아하는 주제로 진행되는 정적인 활동을 통해 긍정적인 경험을 쌓게 되면 자연스럽게 동적인 활동과 정적인 활동을 균형 있게 즐길 수 있게 될 거예요.

Q 걷기 싫어하는 우리 아이, 문제 있나요?

영유아 건강검진에서 특별한 문제가 발견되지 않았다면 아이의 대근육 발달에 관심을 기울여야 합니다. 근력을 키우는 가장 좋은 방법

중 하나는 즐거운 산책이에요. 산책할 때는 아이가 좋아하는 장난감을 함께 가져가 보세요. 끌차나 장난감 유모차처럼 바퀴가 달린 장난감이면 더 좋습니다. 아이는 이것을 당기고 끌면서 즐거움을 느끼며 자연스럽게 걷게 되거든요. 이렇게 하면 스스로 걷는 데 대한 부담을 덜어 줄 수 있습니다. 특히 전에 자주 안아주거나 유모차를 많이 태웠던 아이라면 스스로 걷는 습관을 들이는 데 더 많은 시간과 노력이 필요할 수 있다는 점을 참고해 주세요.

다만 재접근기에 접어들면 어떤 아이든 불안감이 커져서 다시 안아 달라고 조르거나 떨어지지 않으려 할 수 있답니다. 이런 상황에서 어떻게 대처하면 좋을지는 이 책 Part 2의 '3. 자존감과 독립심을 키워 주는 사회·정신 발달'을 참고하면 도움이 될 거예요.

Q 겁 많은 우리 애, 어떻게 도와줄까요?

아이들은 저마다 다른 기질을 가지고 태어납니다. 적극적이고 도전을 즐기는 아이가 있는가 하면, 새로운 것을 조심스럽게 대하고 안전을 추구하는 아이도 있어요. 이런 아이들은 무엇보다 안정감이 중요합니다. 만약 부모님도 조심스러운 성향이라면 아이와 함께 새로운 것을 시도해 보는 경험이 적을 수 있어요. 그러다 보면 아이의 신체 발달이 또래보다 조금 더딜 수 있습니다.

그래서 아이 개인의 발달 속도를 이해하되, 동시에 연령에 적합한 새로운 경험과 도전의 기회를 제공하는 것이 중요합니다. 물론 위험한 행동을 하도록 내버려두라는 뜻은 아니에요. "한번 해봐!"라고 재촉하기보다는 "엄마랑 같이 해 보자.", "엄마 하는 거 한번 볼래?", "천천히 해도 괜찮아."처럼 따뜻하게 말해 주세요.

Q 밖에서 뛰어노는 걸 좋아하지 않는데 어떡하죠?

실외 활동을 좋아하지 않는 아이라면 아이가 실내에서 즐기던 익숙한 장난감이나 놀잇감을 들고 밖으로 나가 보세요. 공원이나 놀이터에 돗자리를 펴고 아이가 좋아하는 책을 읽거나, 그림도 그리고, 색종이도 접어 보는 거죠. 이렇게 하면 아이는 자연스럽게 주변을 살펴보게 됩니다. 옆에서 뛰어노는 친구들도 보고, 점차 그 친구들과 교류도 하게 되죠. 당장 활발하게 뛰어놀지는 않더라도 차근차근 바깥 활동의 즐거움을 발견하게 될 거예요.

제 경험을 나눠 볼게요. 우리 아이는 바깥놀이를 좋아했지만 저는 늘 작은 산책 가방을 챙겼답니다. 작은 돋보기와 모래놀이 도구를 챙기고 때로는 과일을 담은 작은 용기도 가져가서 놀이 중간에 벤치에 앉아 간식 시간을 가졌죠.

꼭 뛰어노는 것만이 바깥 활동의 전부는 아니에요. 밖에서 할 수 있는 다양한 활동들을 경험하게 해 주세요. 그러다 보면 아이는 바깥 시간을 훨씬 더 즐겁게 생각하게 될 거예요.

2

영유아기 언어발달의 핵심은 부모의 역할

영유아기 언어발달은 왜 중요할까?

"우리 애는 왜 이렇게 말이 늦은 걸까요?"

"엄마가 말이 많은데도 아이가 말이 늦을 수 있나요?"

아이의 첫 말을 기다리며 많은 부모들이 걱정을 합니다. 부모가 아이의 언어발달에 대해 처음 고민하는 순간은 언제일까요? 바로 '우리 아이가 언제 말이 트일까?', '말이 빠를까, 늦을까?' 하는 시기입니다. 특히 또래 아이들이 이미 문장으로 대화할 때 우리 아이는 아직 단어를 이어 말하지 못한다면 부모의 마음이 조급해지는 것은 당연한 일이에요.

언어발달은 크게 수용언어와 표현언어로 나뉘는데요. 수용언어는 다른 사람의 언어를 듣고 그 의미를 이해하고 받아들이는 능력을, 표현언어는 자기 생각과 감정을 표현하여 전달하는 능력을 말합니다.

마치 아기가 뒤집기부터 앉기, 서기, 걷기, 뛰기까지 단계적으로 발달하듯, 언어도 순서대로 발달합니다. 첫 단계는 태어나면서부터 시작되는 울음이에요. 그다음은 옹알이를 하고, 세 번째로 몸짓말(Baby Sign)을 하다가, 마지막으로 의미 있는 말소리를 내게 됩니다.

여기서 정말 중요한 것은 바로 부모님의 역할이에요. 아이의 언어발달을 위해서는 좋은 언어 환경을 만들어 주는 것과 부모의 역할이 무엇보다 중요합니다.

아기가 울 때(1단계) 부모가 민감하게 반응하고 아이의 욕구를 잘 충족시켜 주면, 아이는 자연스럽게 적극적으로 옹알이(2단계)를 하게 됩니다. 반대로 아이의 울음이나 옹알이에 부모가 적극적으로 반응하지 않으면 어떻게 될까요? 아이는 '내가 표현해도 소용없어.'라고 느끼게 되고 점점 표현하려는 의

지도 줄어들게 됩니다. 그러다 보면 옹알이도 줄고, 몸짓말도 잘 하지 않게 되죠. 이렇게 아이가 점차 소통의 필요성을 느끼지 못하게 되면 결국 언어발달 지연으로 이어질 수 있습니다.

그래서 부모님들께 말씀드리고 싶어요. 단순히 '우리 아이가 엄마, 아빠라는 말을 할 수 있을까?' 하는 것에만 초점을 두기보다는 아이의 작은 표현 하나하나에 관심을 기울여 주세요.

울음에도 의미가 있고, 옹알이도 소중한 표현이며, 손짓 발짓도 모두 아이의 언어라는 걸 기억해야 합니다. 아이가 어떤 표현을 하든 적절히 반응해 주고, 격려하고 칭찬을 아끼지 마세요.

이런 긍정적인 반응과 지지가 쌓이다 보면 아이는 자연스럽게 다음 단계로 나아갈 수 있어요. 그리고 그 과정에서 건강한 언어발달이 이뤄질 수 있습니다.

말트기보다 중요한 건 소통이다

아이들의 언어발달을 관찰하는 것은 영유아 교사의 핵심 업무 중 하나입니다. 가정에서는 주 양육자가 1:1로 아이의 욕구를 살필 수 있지만 어린이집이나 유치원에서는 상황이 다르거든요. 기관에서는 아이 스스로 자신의 요구를 표현하고 타인의 메시지를 이해할 수 있어야 합니다. 그런데 자신의 감정과 생각, 욕구를 머릿속으로 잘 정리해서 표현할 수 있는 아이가 있는 반면에 그렇지 못한 아이들도 꽤 많습니다. 교사가 아이 개인의 언어발달 수준을 잘 파악해야 하는 이유 중 하나가 바로 여기 있습니다.

실제 기관 생활에서 언어 표현은 매우 중요합니다. "선생님, 밥이랑 반찬 더 먹고 싶어요."라고 말할 수 있어야 기본으로 제공된 식사가 모자를 때 더 먹을 수 있습니다. "친구가 장난감을 뺏어가서 너무 속상해요."라고 표현할 수 있어야 억울한 일도 없으며 속상하다고 친구를 때리거나 꼬집는 일도 없겠죠. "화장실 가고 싶어요.", "물 주세요.", "배가 아파요.", "엄마가 보고 싶어요." 등의 기본적인 욕구와 감정 표현도 마찬가지입니다. 이 모든 것이 표현언어가 잘 발달해야만 가능한 일들입니다.

물론 교사들이 아이들의 표정이나 전후 상황을 살펴 먼저 파악하고 도와주기도 합니다. 하지만 한 반에 10~20명이 넘는 아이들을 1~2명의 교사가 돌보면서 수업도 진행하고 일상생활도 챙기다 보면, 모든 아이의 신호를 놓치지 않고 파악하기란 현실적으로 어려운 일입니다. 1:1 돌봄이 가능한 가정 환경과는 매우 다른 상황임은 틀림없죠.

그렇기에 우리는 무엇보다 아이들 본인이 느끼고 생각하는 것들을 언어로 잘 표현하고 상대방에게 전달하는지, 더불어 다른 사람이 하는 말에 얼마나 관심을 가지고 이해하며 소통할 수 있는지를 핵심적으로 파악해야 합니다.

부모 상담을 진행해 보면 '엄마', '아빠'라는 말을 또래보다 일찍 하거나 문장을 빨리 구사하는 아이의 부모는 자녀의 언어능력을 매우 높게 평가하는 경향이 있습니다. 반면 말이 늦은 아이의 부모는 자녀의 언어능력을 지나치게 낮게 평가하거나 필요 이상으로 걱정하는 모습을 보입니다.

하지만 우리는 아이가 말이 트이는 그 순간까지만 언어발달을 도울 것은 아닙니다. 소리 내어 말하는 것이 언어발달의 종착지가 아님을 분명히 알아야 하는 이유이지요. 아이의 언어를 제대로 발달시켜 주기 위해서는 더 멀리, 더 넓게, 더 깊이 봐야 해요. 말과 글로 자신을 표현하는 능력은 단순히 의사소통의 도구를 넘어 세상을 살아가는 데 필수적인 생존 도구입니다. 더구나 우리 아이들이 살아갈 미래 사회에서는 이러한 능력의 중요성이 더욱 커질 것입니다. 복잡한 생각을 정확하게 전달하고 다양한 의견을 조율하며 효과적으로 소통하는 능력이 더욱 중요해질 것이기 때문입니다.

따라서 부모는 아이의 언어발달을 단순히 '말 트기'가 아닌 '소통의 수단'이라는 더 넓은 관점에서 바라봐야 합니다. 이러한 관점에서 '언어적 능력'의 의미를 다시 생각해 보면 말하기란 단순히 소리를 내는 것이 아니라 자신의 욕구와 감정, 생각을 명확하게 표현하는 수단이며, 다른 사람과 깊이 있게 의사소통하는 결정적인 도구입니다.

이것이 바로 우리가 아이들의 언어발달을 도울 때 진정으로 목표로 삼아야 할 방향입니다. 단순히 말을 빨리 하게 하거나 많은 단어를 사용할 수 있게 하는 것이 아니라 자신의 생각과 감정을 효과적으로 표현하고 다른 사람과 진정성 있게 소통할 수 있는 능력을 키워주는 것, 그것이 바로 진정한 언어발달의 목표가 되어야 합니다.

언어치료보다 중요한 부모의 언어자극

아이의 연령대가 높아진다고 해서 자연스럽게 어휘력과 문해력이 늘고 말을 잘하게 되는 것은 절대로 아닙니다. 영유아 시기에 제대로 언어자극을 경험하지 못하면 자기표현이 서투르게 되고 의사소통에 어려움을 겪게 됩니다. 이는 곧 또래와의 관계 형성, 즉 사회성 발달에도 문제로 이어질 수 있습니다. 더 나아가 책을 읽고 이해하는 독해력이나 새로운 어휘를 습득하는 능력도 부족해질 수 있죠.

만 1~2세 시기는 특별히 주의 깊은 관찰이 필요한 때입니다. 이 시기에는 가정에서만 지내거나 기관을 다니더라도 주로 혼자 놀이가 이뤄지는 시기이기 때문에 부모가 세심하게 살피지 않으면 언어발달의 지연을 알아채기 어려울 수 있습니다.

만 2~3세가 되면 아이들은 또래에게 관심을 보이기 시작합니다. 친구들이 무엇을 가지고 노는지, 어떤 행동을 하는지, 어떤 표정을 짓는지 유심히 관찰하며 함께 놀고 싶어 합니다. 이때 언어발달이 잘 이루어진 아이들은 "같이 놀자.", "나도 할래.", "빌려줘.", "안 돼! 내 거야.", "다 하고 줄게." 같은 두세 단어로 된 문장을 사용하여 자신의 생각을 충분히 표현할 수 있습니다.

반면 이 시기까지 충분한 언어자극을 받지 못해 말이 트이지 않은 아이들은 '말' 대신 '몸'으로 의사를 표현하게 됩니다. 함께 놀고 싶다는 마음을 친구의 장난감을 뺏는 것으로 표현하거나, 관심을 끌기 위해 친구를 밀거나 당기는 행동을 하기도 합니다. 하지만 또래 아이들은 이러한 행동의 진짜 의도를 이해하기 어렵기 때문에 결국 관계 형성에 어려움을 겪게 됩니다.

그래서 부모는 아이의 발달 시기에 맞는 적절한 환경과 언어자극을 제공해야 합니다. 최근 언어치료학과 교수이자 아동청소년발달센터 원장인 원민우 교수가 저의 유튜브 채널 '이민주육아상담소' 인터뷰에서 매우 의미 있는 말씀을 하셨습니다. "선천적 장애나 특별한 요인이 없는 경우 부모의 양육방식이 아이의 발달에 가장 중요한 역할을 합니다."라며 아이의 언어발달은 부모의 노력이 전부라고 말해도 과언이 아니라고 강조하셨어요.

현장에서 10년 가까이 영유아와 아이의 부모를 관찰해 온 경험에 비추어 보아도 이 말씀에 전적으로 공감합니다. 마치 새로운 언어를 배울 때 충분한 입력이 필요한 것처럼 아이의 언어발달에도 풍부한 자극이 필수적입니다. 즉, 부모가 아이에게 충분히 말을 들려주고 아이의 표현에 적절히 반응해주는 것이 무엇보다 중요합니다.

한 가지 상황을 예로 들어 볼게요. 말수가 적은 A 엄마가 스케치북을 들고 오는 아이를 목격합니다. 그리고 머릿속으로 생각하죠. '그림이 그리고 싶은가? 크레파스 가져다줘야겠다.' 소리 내어 말하거나 아이에게 묻지 않고 혼자 머릿속으로 아이에게 필요하다고 생각하는 것을 해 주는 거죠. 그러자 아이는 엄마가 준 크레파스로 열심히 그림을 그리기 시작합니다. 그 모습을 본 엄마는 '이렇게 커서 혼자 그림도 그리고 잘 노는 구나. 많이 컸네.'라고 대견함과 사랑스러움을 느낍니다. 하지만 이 모든 생각과 감정을 말로 표현하지 않고 마음속으로만 간직합니다.

반면 B 엄마는 비슷한 상황에서 모든 것을 언어로 표현합니다. "그림 그리고 싶어서 스케치북 가지고 왔어?", "또 뭐가 필요할까?", "크레파스로 그려볼까?" 하며 아이와 대화를 시작합니다. 엄마의 말에 아이는 고개를 끄덕이거나 손가락으로 포인팅을 하기도 하고 소리 내어 대답하기도 합니다. 아이가 크레파스 뚜껑을 열면 "우와~ 혼자서 뚜껑을 열었구나."라고 반응하고 "노랑 크레파스로 어떤 그림을 그린 거지?", "나비가 날아다니고 있구나. 우리 산책 갔을 때 나비 본 적 있지? 나비가 앉아서 놀 수 있는 알록달록 꽃도 있었는데 기억나?" 하며 끊임없이 아이에게 말을 합니다. 이처럼 B 엄마는 아이의 행동을 관찰하고 반응하는 것에서 그치지 않고, 모든 순간을 소리 내어 말로 표현해 언어적 자극의 기회로 활용하는 거죠.

A 엄마와 B 엄마의 사례는 일상적인 한 순간을 보여주지

만, 이러한 차이가 매일 반복되면서 두 아이의 언어발달에는 분명한 차이를 보이게 됩니다. A 엄마가 제공하는 언어자극과 B 엄마가 주는 언어자극의 양이 확연히 다르기 때문입니다.

하지만 여기서 한 가지 덧붙이고 싶은 것은, 이런 과정이 아이의 발달에 꼭 필요한 것은 맞지만 그렇다고 특별히 어려운 일은 아니라는 점입니다. 그러니 너무 부담을 가질 필요는 없습니다. 다만 본인이 원래 말수가 적거나 감정 표현이 서툰 부모라면 의식적으로라도 조금 더 수다스러운 부모가 되려고 노력해야 합니다.

그러나 정기적인 영유아 검진에서 전문가의 도움이 필요할 정도로 언어발달 지연이 확인된다면 지체 없이 언어치료를 받는 것이 좋습니다. 하지만 여기서 한 가지 중요한 점이 있습니다. 간혹 언어치료를 받고 있는데도 아이의 말이 늘지 않는다며 고민하시는 부모님들이 계신데요, 이는 치료에만 전적으로 의존하기 때문일 수 있습니다.

주 1~2회 치료사와 만나는 짧은 시간만으로는 충분한 효과를 기대하기 어렵습니다. 언어치료는 시작점이 될 수는 있지만 실제로 가장 중요한 것은 아이와 애착 관계를 형성하고 있는 부모가 매일 긴 시간 동안 제공하는 언어자극입니다.

비용과 시간을 들여 치료를 받는다 하더라도 일상에서 부모가 질 높은 언어자극을 주지 않는다면 치료 효과는 제한적일 수밖에 없습니다. 마치 운동선수가 코치의 지도만 받고 평상시 연습을 하지 않는 것과 같죠. 결국 아이의 언어발달은 전문가의 도움과 더불어 부모가 일상에서 얼마나 풍부한 언어 환경을 만들어 주느냐에 달려 있습니다.

의사소통 능력이 점점 더 중요해지는 시대입니다. 많은 부모들이 "아이와 어떤 대화를 나눠야 할까?", "어떻게 하면 말을 잘하는 아이로 키울 수 있을까?"를 고민하는 것도 당연한 일이죠. 이러한 높은 관심은 부모가 자녀가 뛰어난 언어 능력을 가진 성인으로 성장하기를 바라는 마음에서 비롯된 것입니다.

여기서 잠깐 '언어적인 능력'이라는 의미를 좀 짚어 볼게요. 이는 영유아기에 흔히 걱정하는 '말이 늦는다.' 혹은 '아직 옹알이만 한다.'와 같은 단순한 차원의 문제가 아닙니다. '말 잘하는 아이'의 기준은 자신이 느끼고 생각하는 것을 얼마나 잘 표현하고 상대방에게 전달할 수 있는지, 더불어 다른 사람의 말에 얼마나 관심을 기울이고 경청하며 그것을 이해하고 소통할 수 있는지가 핵심이 됩니다.

물론 영유아기에는 아이가 몇 개의 단어를 말할 수 있는지, 또는 몇 개의 단어를 이어 문장을 만들 수 있는지를 관찰하는 것도 중요합니다. 이는 언어발달 검사에서 중요한 척도가 되기 때문입니다.

그러나 부모는 이보다 더 멀리 봐야 합니다. 단순히 '말을 할 줄 아는 아이'를 넘어서, 언어이해능력과 자기표현능력, 그리고 소통능력을 두루 갖춘 아이로 키우는 것이 진정한 목표가 되어야 합니다.

주의해야 할 점은 이러한 능력들이 아이의 나이가 들면서 저절로 발달하는 것이 아니라는 사실입니다. 단순히 연령이 높아진다고 해서 자연스럽게 어휘력이 늘어나고, 문해력이 발달하고, 말을 잘하게 되는 것은 절대 아닙니다. 영유아기에 적절한 언어적 경험을 하지 못하면 여러 가지 문제가 발생할 수 있습니다. 예를 들어, 자기표현이 서툴러질 수 있고 다른 사람과의 소통에도 어려움을 겪을 수 있습니다. 이는 자연스럽게 사회성 발달에도 부정적인 영향을 미치게 됩니다. 더 나아가 글을 읽고 이해하는 문해력이나 새로운 어휘를 습득하고 확장하는 능력도 부족해질 수 있습니다.

자, 그렇다면 여기서 자연스럽게 다음 질문이 떠오르게 됩니다. "어떻게 하면 말 잘하는 아이, 언어 능력이 뛰어난 아이로 키울 수 있을까요?" 이제 이 질문에 대한 구체적인 답을 찾아보겠습니다.

① 스스로 자기표현을 할 기회를 제공한다

자신의 감정과 생각을 말로 잘 표현하는 아이로 성장시키기 위해서는 어렸을 때부터의 경험이 중요합니다. 부모라면 내 아이가 말하기 전에 아이의 눈빛과 표정만 봐도 뭘 원하는지 짐작할 수 있죠. 이때 바로 문제를 해결해 주는 것은 중요하지 않습니다. 아이에게 질문을 던지고 아이가 하는 말을 끊지 않고 경청하여 아이가 원하는 것, 표현하고 싶은 것을 자기 능력껏 말할 수 있도록 기회를 주는 것이 중요하지요. 아이가 가장 편안하게 느끼는 공간이자 가족들과의 소통의 장인 집에서 충분히 연습해야 친구나 선생님 등에게도 자연스럽게 자기 의사 표현을 할 수 있게 됩니다. 연령이 높아질수록 좀 더 수준을 높여 주는 것도 필요하고요.

예를 들어, 놀이터에서 아이가 "엄마, 나도 그네 타고 싶은데 쟤가 먼저 타 버렸어."라고 말한다면, 엄마가 출동해서 문제를 해결해 주기 전에 아이에게 "직접 친구에게 이야기해 보는 건 어때?"라고 기회를 주세요. 여기서 중요한 것은 "잘되지 않을 때는 엄마가 도와줄게."라고 말해 주는 것입니다.

핵심은 아이 스스로 문제를 해결했는지, 못했는지가 아닙니다. 초점을 두어야 할 것은 내가 하고 싶은 이야기는 직접 할 수 있어야 한다는 것을 인식하는 것입니다. 또한 아이가 시도했다가 잘 안되었을 때 부모가 어떤 말로 상황을 해결해 나가는지 관찰할 수 있게 하는 것도 중요합니다. 이런 경험들이 하나둘 쌓이다 보면 아이는 점점 자기표현에 대한 두려움이나 망설임이 줄어들게 됩니다. 또한 작은 성공 경험들이 모이면 자기표현에 대한 자신감도 생기게 될 것입니다.

② 말을 듣고 이해하는 연습을 시켜 준다

일상에서 아이와 많은 이야기를 나누어 보세요. 단, 주의할 점이 있습니다. 부모가 일방적으로 지시하거나 가르치는 것이 아니라 서로 주고받는 대화, 즉 '소통'이 이루어져야 한다는 것입니다.

예를 들어 그림책을 읽을 때를 생각해 보겠습니다. 책에 쓰인 글자만 읽어 주는 것은 충분하지 않습니다. 그림책 속 장면을 보면서 "이 장면을 보니 어떤 생각이 들어?", "주인공의 기분이 어떨 것 같아?", "다음에는 어떤 일이 일어날 것 같아?" 등의 질문을 통해 아이의 생각과 감정, 상상에 대한 대화를 나누는 것이 중요합니다.

이때 아이들은 처음에는 머릿속에 떠오르는 생각을 두서없이 말할 수 있어요. 예를 들어 "내가 근데 버스 봤는데 엄마~ 근데~ 있잖아~ 그거 신기해서 내가 타서 할머니 집에 갈 수 있었어?"처럼 말이죠. 이런 상황에서 부모가 해야 할 일은 아이의 말이 틀렸다고 지적하거나 평가하는 것이 아닙니다. 대신 아이의 이야기를 귀담아 듣고, 그것을 정리된 문장으로 다시 표현해 주는 것이 좋습니다. "버스를 보니까 신기해서 할머니 집에 갈 때 타 보고 싶어?"와 같은 방식으로요. 그래야 즐겁게 대화를 이어나가면서도 아이의 언어가 쉬지 않고 발전해 나갈 수 있습니다.

③ 사고하는 능력을 키워 준다

많은 부모들이 '사고력'이라고 하면 자칫 공부, 학습, 두뇌발달과 같은 키워드를 떠올리며 수학이나 과학을 가르치려고 생각하는 경우가 많습니다. 하지만 사고력의 사전적 의미는 '생각하고 궁리하는 힘'입니다. 이러한 능력을 어떻게 키워 줄 수 있을까요?

우선 아이들의 발달 시기를 이해하는 것이 중요합니다. 수학 문제를 풀거나 과학의 원리를 이해하는 논리적 사고와 추상적 사고가 가능한 시기는 대체로 초등학교 고학년 때로 봅니다. 이는 두정엽이 왕성하게 발달하는 시기이기 때문인데요. 대뇌의 중앙에 위치해 있는 두정엽은 주로 공간감각, 시각정보처리, 운동기능 통합, 수학적 능력과 관련해 중요한 역할을 하는 뇌 영역입니다. 20세기를 대표하는 과학자의 이름을 붙여 '아인슈타인의 뇌'라고도 불리지요.

우리 아이들은 아직 논리적 사고나 추상적인 사고가 어

려운 영유아 시기입니다. 그러므로 사고하는 능력을 키워 주기 위해서 수학이나 과학을 구조적인 학습의 형태로 가르치는 것은 좋은 방법이 아닙니다. 오히려 일상에서 아이 수준에 맞는 생각을 하게 하고 궁리할 거리를 끊임없이 제공하는 것이 중요하겠죠. 그래서 일상적인 경험을 통해 사고력을 키워 주는 것이 효과적입니다. 예를 들어 계절이 바뀌는 자연환경을 보고 듣고 느끼며 관찰하거나 놀이터에 기어다니는 곤충을 관찰하는 것도 좋습니다. 아이는 이런 관찰을 통해 '개미 다리는 여섯 개구나!' 하며 새로운 것을 알게 됩니다.

일상에서 수학적 사고를 경험할 수도 있습니다. 예를 들어, 피자를 가족과 나눠 먹을 때 각자 몇 조각씩 먹어야 하는지 생각해 볼 수 있겠죠. 어려운 사칙연산 대신 실제로 접시에 피자 조각을 "아빠 두 조각, 엄마 두 조각, 나 두 조각, 동생 두 조각" 하고 나눠 담으면서 구체적으로 경험하게 하는 것이죠. 그러면 아이는 피자가 놓은 접시를 보고 각자 피자 두 조각씩 나눠 먹을 수 있다는 것을 인지할 수 있게 됩니다.

물론 직접적인 체험이 어려운 영역도 있습니다. 이런 경우에는 그림책, 자연 관찰책, 영상매체 등 다양한 시청각 자료를 활용할 수 있습니다. 중요한 것은 아이의 수준에 맞는 방식으로 생각하고 궁리할 기회를 꾸준히 제공하는 것입니다. 이

◆

일상에서 수학적 사고를 경험할 수 있게 해 주세요. 예를 들어, 실제로 접시에 피자 조각을 "아빠 두 조각, 엄마 두 조각, 나 두 조각, 동생 두 조각" 하고 나눠 담으면서 구체적으로 경험하게 하는 것이죠.

러한 과정을 통해 쌓인 경험들은 매우 중요한 토대가 됩니다. 나중에 두정엽이 본격적으로 발달하는 초등학교 시기가 되었을 때, 이 경험들을 바탕으로 더 높은 수준의 사고력을 발달시킬 수 있기 때문입니다. 또한 이렇게 발달된 사고력은 자연스럽게 언어능력의 발달로도 이어집니다.

④ 생각을 글로 풀어내는 연습을 시켜 준다

아이의 언어능력을 키우는 네 번째 핵심은 생각을 글로 표현하는 연습을 하는 것입니다. 많은 사람들이 '말을 잘하는 것'과 '글을 잘 쓰는 것'을 별개의 능력으로 생각하곤 하지만 사실 이 둘은 매우 밀접하게 연결되어 있습니다. 왜냐하면 글쓰기 역시 자신의 생각과 감정을 정리하고 표현하는 과정이기 때문입니다.

아이와 함께 그림책을 보고 기억에 남는 장면을 그림으로 그리고 느낀 생각을 문장으로 써 보세요. 오늘의 일과를 정리해서 일기를 쓰거나, 사랑하는 사람에게 전하고 싶은 마음을 편지로 써 보는 등 생각을 글로 풀어내는 경험을 제공해 주는 것입니다.

이 과정에서는 글 쓰는 것이 두렵지 않고 재미와 즐거움을 느낄 수 있도록 하는 것이 포인트입니다. 그러려면 어려운 문제

풀이를 시키거나, 의무감으로 글을 쓰도록 해서는 안 됩니다.

글쓰기 경험을 통해 아이들은 여러 가지 중요한 능력을 키울 수 있습니다. 자신의 생각을 논리적으로 정리하는 능력과 감정을 적절하게 표현하는 능력은 물론이고 다른 사람의 입장을 이해하는 능력, 그리고 효과적으로 소통하는 능력까지 함께 발달하게 됩니다.

아이의 공격성, 언어발달과 관련 있다

던지고, 소리 지르고, 물고, 때리는 공격 행동을 반복하는 아이를 키우는 부모는 매일 아침 어린이집에 등원시킬 때부터 가슴이 콩닥콩닥 합니다. 어린이집 담임선생님의 전화를 받을 때마다 '우리 애가 또 누굴 때렸나? 싸웠나?' 하는 생각에 가슴이 철렁 내려앉기도 하죠.

그도 그럴 것이 아무리 반복해서 설명하고 지도해도 이런 행동들이 쉽게 개선되지 않기 때문입니다. 화가 나거나 급한 상황이 되면 아이들은 다시 자신에게 익숙한 방식인 공격적 행동으로 돌아가 버리기 때문에 부모들은 오랫동안 속앓이를 하기도 합니다.

아이의 공격성은 여러 가지 원인에서 비롯될 수 있습니다. 타고난 기질의 영향일 수도 있고, 양육자의 양육 방식이나 주변 환경의 영향일 수도 있지요. 그런데 원인을 파악할 때 많은 사람들이 간과하는 것이 언어발달과 공격성 사이의 밀접한 관계입니다. 만 2세 아동을 대상으로 한 '아동의 언어발달 특성과 공격성 및 친사회적 행동' 연구에 따르면, 언어능력이 부족한 아이들은 갈등 상황을 효과적으로 해결하는 데 어려움을 겪어 공격적인 행동을 보일 수 있으며 다양한 상황에서 위축감이나 좌절감을 느껴 공격성을 표출할 수 있다고 합니다. 이 연구는 또한 뇌의 성숙도가 높아지면서 부정적 감정과 행동을 조절하는 능력이 발달하며, 이는 언어적 표현능력의 발달과도 연관이 있다고 설명합니다.

'말이 안 되니 몸이 먼저 나간다.'는 말이 딱 떠오르죠. 아이가 화가 나거나 짜증이 날 때, 혹은 무언가를 원할 때 '말'로 표현하는 데 어려움을 느끼면 울거나, 물건을 던지거나, 다른 사람을 때리는 등의 행동으로 이어지는 것입니다. 하지만 아무리 언어발달이 늦더라도 부정적인 감정을 공격적인 행동으로 해결하는 것은 결코 허용되거나 정당화될 수 없습니다. 비록 쉽지는 않겠지만 우리는 아이들에게 어떤 상황에서도 '몸'

이 아닌 '말'로 해결하는 방법을 끈기 있게 가르쳐야 합니다.

공격성을 줄이고 언어 발달을 촉진하는 3단계 상호작용법

앞서 언어발달 지연이나 아이의 언어 발달 특성이 공격행동의 원인이 될 수 있다고 설명 드렸는데요. 언어발달이 미숙한 아이들이 때리고 던지고 무는 행동을 했을 때 공격행동에 대한 훈육만으로는 행동수정이 어려울 수 있어요. 그런데 보통 공격성이 높은 아이를 키우는 부모는 상담을 받을 때에 다음과 같이 '훈육법'에 초점을 두는 경우가 대부분입니다.

> "28개월 아기인데 자기 마음대로 하고 싶거나 어떤 것을 못하게 제지하면 엄마, 아빠를 때리고 어린이집에서는 친구들을 깨물거나 꼬집고 밀어 버리기까지 합니다. 도대체 어떻게 훈육해야 할까요?"

보통 이런 경우 "속상하다고 친구를 때리면 안 돼!"라고 훈육하면서 때리면 안 된다는 것을 가르치고 "친구야, 미안해!" 하고 사과하는 것으로 마무리하는 경우가 많습니다. 하지만 이런 훈육만 반복된다면 결국 비슷한 상황이 발생했을 때 공격적인 행동은 어김없이 반복될 겁니다. 오히려 아이의 분노는 점점 더 쌓여 공격행동의 강도나 빈도가 강화되는 경우도 흔하게 볼 수 있어요.

여기서 놓치고 있는 부분은 무엇일까요? 바로 아이가 '왜' 이런 공격 행동을 반복하는지 그 이유를 제대로 파악하지 못한다는 것입니다. 물론 아이가 선택한 표현 방식, 즉 때리고 깨물고 꼬집는 등의 공격적인 행동은 분명히 잘못된 것입니다. 하지만 그 이면에 있는 아이의 답답한 마음, 자신의 감정을 제대로 표현하지 못해 힘들어하는 마음은 잘못된 것이 아니므로 충분히 공감하고 수용해 줄 필요가 있습니다.

그리고 이런 상황에서 아이가 스스로 현명하게 대처할 수 있는 방법, 즉 공격적인 행동이 아닌 언어로 부정적인 감정을 표현하는 방법을 가르치는 것이 우리의 목표이자 부모의 역할이 되어야 합니다. 화가 나고, 속상하고, 짜증이 나는 것은 누구나 경험하는 자연스러운 감정으로 절대로 잘못된 것이 아닙니다. 따라서 부모의 역할은 "화 내지 마."라고 감정 자체를 부정하는 것이 아니라, "화가 날 때는 이렇게 하는 거야."라고 적절한 대처 방법을 가르치는 것입니다.

그렇다면 구체적으로 어떻게 가르쳐야 할까요? 지금부터 공격성을 줄이고 언어 발달을 촉진하는 3단계 상호작용법을 하나씩 알아보겠습니다.

1단계 | 아이의 감정을 언어로 읽어 주기

아직 말이 트이지 않은 아이들은 부정적인 감정을 언어로 표현하기 어려워서 손과 몸이 먼저 나갈 수 있어요. 특히 기분이 좋지 않을 때 감정을 조절하는 것은 아이들에게 굉장히 어려운 일입니다. 부모도 때로는 육아에 지쳤을 때 감정 조절이 어렵고 아무리 '욱하지 말자.'고 다짐해도 순간순간 감정 컨트롤이 쉽지 않은데 아직 미성숙한 아이들에게는 이것이 얼마나 더 어려울지 충분히 짐작할 수 있습니다.

더구나 영유아기 아이들은 정서발달이 아직 미숙한 단계에 있어서 자신이 느끼는 다양한 감정을 제대로 인식하지도 못합니다. 그래서 부모는 가장 먼저 아이의 감정을 언어로 정확하게 읽어 주어 아이 스스로 감정을 인지할 수 있도록 도와주어야 합니다.

감정을 언어로 읽어 주는 방법은 간단해요. 예를 들어 블록 놀이를 하다가 화가 난 아이에게 "블록이 더 필요했는데 부족해서 속상했구나. 그래서 화가 나고 눈물이 났구나."라고 말

◆

부모는 가장 먼저 아이의 감정을 언어로 정확하게 읽어 주면서, 아이가 스스로의 감정을 인지할 수 있도록 도와주어야 합니다.

해 주는 것이지요. 그러면 아이는 '아! 이런 마음을 속상하다고 하는 거구나. 화가 나면 짜증 나고 던지고 싶은 마음이 불쑥 올라오고 눈물이 나는 거구나!' 하고 인지하게 됩니다. 이렇게 엄마가 아이의 속상한 마음에 공감해 주고 감정을 읽어 주는 것만으로도 언어발달에 도움이 되는 것은 물론이고 아이의 흥분된 마음을 가라앉히고 공격성을 낮출 수 있습니다.

2단계 | 표현법 바로 잡아 주기

아이의 부정적인 감정을 언어로 읽어 주고 아이가 인식할 수 있도록 알려 주었다면, 이제 공격적인 행동을 대처하는 방법까지 알려 주어야겠죠. 다음과 같이 상황에 따른 표현법까지 알려 줍니다.

"블록이 필요할 때는 소리 지르지 않고(울지 않고/ 때리지 않고/ 던지지 않고 등) **'엄마, 블록 주세요.' 하고 말하면 돼."**

"어린이집에서도 블록이 필요할 때는 친구 블록을 뺏지 말고 '선생님, 블록 더 하고 싶어요.'라고 말하면 선생님이 도와주실 수 있어."

만약 아이가 아직 말이 트이지 않았거나 문장으로 표현하는 게 어렵다면 '이거 주세요. 내 거예요.' 같은 의미를 전달할 수 있는 몸짓말을 함께 알려 주셔야 합니다. 앞서 말씀드렸듯이 부정적인 감정을 스스로 조절하고 참아 내며 언어로 표현하는 것은 아이들에게 매우 어려운 과제입니다. 따라서 단시간에 행동수정이 되지는 않을 수 있어요. 그렇지만 분명 때리는 횟수가 줄어들고 충동적으로 때리기는 했지만 잘못되었다는 것을 알고 눈치를 보기 시작한다거나 우는 시간이 짧아지는 등 조금씩 행동에 변화가 찾아오기 시작할 것입니다.

3단계 | 표현할 기회 제공하기

2단계를 수없이 반복하면서 알려 주었다면, 이제는 아이가 스스로 표현할 기회를 제공해 주어야 합니다. 아이의 감정을 읽어 주고 올바른 표현법을 가르쳐 주었으니 이제는 실제로 그것을 연습하고 경험해 볼 수 있도록 해 주는 것이죠.

하지만 영유아기는 아직 자기중심적 사고를 하는 시기입니다. 그래서 아무리 설명하고 보여 주어도 자신의 감정이 가장 우선순위가 될 수밖에 없습니다. 예를 들어, 앞의 블록 놀이 상황에서 아이는 "네!" 하고 대답은 하지만 여전히 눈은 블록에서 떨어지지 않을 것입니다. 그리고 자신이 원하는 블록을 지금 쟁취를 했느냐 못했느냐에만 온전히 집중하고 있을 거예요.

이런 상황에서 많은 부모들이 자주 하는 실수가 있습니다. 바로 떼쓰는 상황을 빨리 끝내기 위해 "자, 여기 있어!"라며 서둘러 블록을 건네주는 것입니다. 물론 당장은 상황이 잠잠해질 수 있습니다. 하지만 이렇게 하면 아이는 올바른 표현법을 배우고 연습할 소중한 기회를 놓치게 됩니다.

이런 순간에는 아이의 눈을 마주보고, 아이가 자신의 수준에서 표현해 볼 수 있도록 기다려 주어야 합니다. 이때 중요한 것은 완벽한 표현을 기대하지 않는 것입니다. 몸짓이든, 불완전한 음절이든, 단어 하나든, 아이가 할 수 있는 수준에서의 표현이면 충분합니다.

이때 아이의 표현이 서툴고 불완전하더라도 아이가 시도하려고 한다면 적절히 반응해 주세요. 때로는 부모가 아이의 떼쓰기에만 반응하고 일상적인 작은 표현에는 둔감한 경우가 있는데, 이는 공격성을 키우는 원인이 될 수 있습니다. 아이가 떼를 써야만 관심을 받을 수 있다고 느끼게 되기 때문입니다.

그래서 작은 표현에도 민감하게 반응하는 노력이 필요합니다. 처음에는 더디고 불완전해 보일 수 있지만, 결국 아이는 공격적인 행동 대신 언어로 자신의 욕구를 표현할 수 있게 될 거예요.

★ 민주쌤의 현실 밀착 육아코칭 ★

Q 이름을 불러도 반응하지 않으면 문제가 있나요?

이름을 부르면 부른 사람을 쳐다보거나 대답을 하는 등 반응이 있어야 하는데 아이가 아무런 반응을 하지 않을 때가 있죠. 이렇게 '호명 반응'이 없을 때 혹여나 자폐 스펙트럼의 증상이 아닐까 걱정하는 분들도 있는데요. 아이들도 자기가 하는 것에 집중하거나 대답을 원치 않는 경우 의도적으로 반응하지 않을 때가 있습니다. 이때 "○○야!" 하고 이름만 반복해서 부르는 것이 아니라 아이가 좋아하는 간식이나 장난감 또는 아이의 호기심을 자극할 수 있는 것을 보여 주면서 "○○야, 이게 뭐지?"와 같이 소통을 시도해 보세요. 이때 즐겁게 반응한다면 크게 걱정하지 않으셔도 됩니다. 그래도 불안하다면 영유아 검진 시기에 추가 질문사항 체크리스트를 통해 상담을 받아 볼 수 있습니다.

Q 쉬운 단어도 시키면 절대로 따라 하지 않아요.

부모가 시키는 특정 단어를 따라 하지 않는다고 해서 문제가 되지는 않습니다. 언어발달의 정도를 관찰할 때 실제로 중요한 것은 아이가 다른 사람의 말을 얼마나 이해하는지, 지시사항에 대해 어떻게 반응하는지, 그리고 의미 있는 소리를 어떻게 만들어 내는지를 종합적으로 관찰하는 것입니다.

개월 수에 따른 언어발달은 다양한 형태로 나타날 수 있습니다. 때로는 정확하지 않은, 마치 외계어처럼 들리는 옹알이를 많이 할 수도 있고, 눈빛과 표정으로 자신을 표현하기도 하며, 자신이 낼 수 있는 단어를 반복적으로 사용하면서 타인과 소통하려 노력하기도 합니다. 이런 모습들이 관찰된다면 이는 건강한 언어발달의 과정이라고 볼 수 있습니다.

효과적인 언어발달을 돕기 위해서는 부모가 원하는 단어보다는 아이가 현재 사용하고 있는 소리와 단어에서 출발하여 점진적으로 즐겁게 확장해 나가는 것이 바람직합니다. 이렇게 하면 아이도 더 즐겁게 참여할 수 있고 자연스러운 언어발달이 이루어질 수 있습니다.

다만 옹알이도 거의 관찰되지 않고 낼 수 있는 소리가 매우 제한적이거나 소통에 있어서도 소극적인 모습을 보이는 경우, 특히 영유아 검진 결과 6개월 이상 지연이 확인된다면 치료가 필요할 수 있습니다.

Q 발음이 좋지 않은 아이는 어떻게 교정해야 하나요?

아이의 신체가 연령에 따라 점진적으로 발달하듯이 발음 능력도 연령별로 정해진 발달 순서와 시기가 있습니다. 많은 부모들이 자녀의 'ㄱ', 'ㅅ', 'ㄹ' 발음이 부정확하거나 전반적으로 발음이 뭉개질 때 걱정을 합니다. 하지만 부정확한 발음을 지속적으로 지적하고 교정하려 드는 것은 오히려 역효과를 낼 수 있습니다. 발음을 계속 지적받은 아이는 특정 단어를 아예 말하지 않으려 하거나, 전반적인 말수가 줄어들 수 있기 때문입니다.

효과적인 접근 방법은 먼저 아이가 어려워하는 발음이 무엇인지 주의 깊게 관찰하고 체크하는 것입니다. 그리고 그 발음들을 의성어나 의태어를 활용해 즐겁게 연습할 수 있도록 도와주세요. 아이가 발음한 후에는 지적하기보다는 다시 한 번 정확한 발음을 들려주는 방식으로 접근하세요. 다만 월령이 높아져도 나아지는 모습이 보이지 않는다면 전문가의 도움을 받는 것이 좋습니다.

발음 연습 방법 예시

① ㄹ을 발음이 잘되지 않아 "빨리해 줘!"를 "빠이해 줘!"라고 하는 아이는 중간에 '알'을 넣어 "빠알리"를 천천히 연습시켜 주면서 혀 사용법을 터득할 수 있도록 도와줄 수 있습니다.

② 노래를 부르거나 그림책 읽는 것을 녹음해서 자기 목소리를 들으며 좀 더 정확하게 발음할 수 있도록 피드백을 줍니다. 다만 아이가 거부하거나 시간이 지나도 나아지지 않아 본인도 스트레스를 받는 것 같다면 전문가의 도움을 받는 것을 추천합니다.

3

자존감과 독립심을 키워 주는 사회성·정서 발달

부모와의 애착관계는 세상을 살아가는 힘이 된다

아이가 건강한 사회성을 발달시키는 데 있어 중요한 것은 바로 안정적인 애착 관계의 형성입니다. 태어나 처음으로 관계를 맺는 주 양육자와의 애착 형성은 이후 다른 사람들과 관계를 맺는 과정에 대한 기본적인 인식을 형성하지요. 즉, 부모와의 안정적인 애착을 경험한 아이는 타인과의 관계도 긍정적으로 바라볼 수 있게 됩니다. 게다가 아이가 살아가면서 크고 작은 불안감이나 실패, 좌절을 경험했을 때 스스로 건강하게 잘 회복하고 감당할 수 있는 힘의 뿌리가 될 수 있답니다.

또한 아이의 정서적 회복력의 기초가 됩니다. 살아가면서 마주하게 될 불안감, 실패, 좌절과 같은 어려운 감정들을 건강하게 다루고 회복할 수 있는 내면의 힘이 바로 이 초기 애착 관계에서 비롯되는 것입니다. 아이가 삶의 도전들을 헤쳐 나갈 수 있는 근본적인 힘이 되어 주는 것이죠.

애착관계는 어떻게 형성될까

인간은 태어나는 순간부터 자신이 나약한 존재임을 본능적으로 인식합니다. 그리고 누군가의 보호와 돌봄이 있어야만 생존할 수 있다는 것을 깨닫게 됩니다. 이러한 인식은 초기 애착 관계 형성의 시작점이 됩니다.

아기는 배가 고프거나, 졸리거나, 기저귀가 불편할 때마다 다양한 신호를 보냅니다. 이때 부모가 아이의 신호에 적절히 반응하며 눈을 맞추고 따뜻한 스킨십으로 정서적 교류를 이어가면, 생후 6~7개월 무렵에는 아이에게 중요한 변화가 일어납니다. 바로 자신에게 안정감을 주는 대상에 대한 믿음이 생기고 엄마와 아빠를 자신의 부모로 인식하기 시작하는 것입니다.

이 시기에 아이들은 부모가 아닌 낯선 사람에 대해 불안감을 보이거나 낯가림을 하기도 합니다. 하지만 이는 건강한 애착 관계가 형성되고 있다는 증거이므로 전혀 걱정할 필요가 없습니다. 이러한 과정을 거쳐 보통 두세 돌이 되면 아이는 독립된 존재로서 세상을 탐색하기 시작합니다.

반면 아이가 보내는 신호를 무시하거나 일관성 없는 반응을 보이는 경우에는 문제가 생길 수 있습니다. 이런 경우 부모와 아이 사이에 불안정한 애착이 형성될 뿐만 아니라 아이는 점차 세상을 향해 신호를 보낼 필요성을 느끼지 못하게 됩니다. 그 결과로 옹알이의 빈도와 눈 맞추는 횟수가 줄어들며, 언어로 자신의 욕구를 표현하는 것이 미숙하여 전반적인 발달이 늦어지는 경향을 보일 수 있습니다.

다른 사람과 어울리는 게 어려운 아이

1차적 사회관계인 부모와의 애착관계는 아이가 앞으로 다른 사람들과 맺게 될 모든 사회적 관계의 기초가 됩니다. 부모와 안정적인 애착을 형성하지 못한 아이들은 어린이집이나 유치원에서 선생님, 친구들과 신뢰 관계를 맺는 데 어려움을 겪을 수 있습니다. 이 아이들에게는 자신의 감정을 표현하는 것도, 다른 사람의 감정을 이해하고 수용하는 것도 매우 어려운 과제가 됩니다.

이쯤 되면 아이와의 관계에 대해 다시 한번 생각해 보게 되죠. 혹시 지금 아이와의 애착 관계가 불안정하여 부모와 아이 모두가 어려움을 겪고 있다면 아직 늦지 않았어요. 지금부터라도 아이와 눈 맞추기, 대화하기, 감정 표현하기, 스킨십 하기, 공감하기 등 신체적, 정서적으로 보다 안정적인 교류를 꾸준히 이어가면서 아이와 더 안정적인 관계를 만들어 갈 수 있습니다.

훈육과 애착 사이 올바른 균형 잡기

'훈육'과 '애착 형성' 사이에서 많은 부모들이 혼란을 느낍니다. 훈육은 말 그대로 아이가 잘못된 행동을 했을 때 옳고 그름의 기준을 명확하게 가르쳐 주는 과정입니다. 그렇기에 건강한 애착 형성이 곧 아이의 모든 행동을 무조건 수용하는 것을 의미하지는 않습니다. 오히려 다음과 같은 태도가 필요합니다.

"엄마, 아빠는 너를 보호해 주고, 지켜 주고, 세상 그 누구보다 사랑하지만, 모든 행동이 다 허용되는 건 아니란다. 잘못된 행동에 대해서는 제대로 가르쳐 줄 거야."

이러한 명확하고 일관된 태도야말로 아이에게 더 단단한 믿음과 신뢰를 심어줄 수 있어요. 부모가 자신을 무조건적으로 사랑하지만 동시에 옳고 그름을 분명히 알려준다는 것을 아이가 이해하게 되면 이는 오히려 더 안정적인 애착 관계 형성에 도움이 됩니다.

다시 엄마 껌딱지가 된 아이를 위한 현명한 대처법

아이마다 차이가 있지만 보통 생후 16개월에서 24개월 사이에 재접근기를 경험합니다.

생후 8개월쯤 낯가림이 심해지고 분리불안이 시작되면서 처음으로 '엄마 껌딱지'가 되는 시기를 겪습니다. 그러다가 조금씩 사람이나 주변을 탐색하고자 하는 호기심이 생기고 신체가 발달하면서 이곳저곳 활발하게 걸어 다니죠. 이 시기에 많은 부모들이 바깥 활동이나 산책할 때 아이를 쫓아다니기 바빴던 기억이 있을 거예요. 그런데 이제 막 독립적으로 변하는 것 같던 아이가 갑자기 다시 엄마에게 붙어 있으려 한다면, 이것이 바로 재접근기의 신호입니다. 이런 일은 왜 일어나는 걸까요?

첫돌이 지나며 아이들은 독립적인 자의식을 형성하기 시작합니다. 동시에 주 양육자와 분리되었을 때의 불안감도 함께 존재하지요. 이러한 이중적인 마음은 아이에게 혼란을 주면서 두려움이 됩니다. 이때 안정감을 느끼기 위해서 다시 엄마를 찾게 되는 것이죠. 쉽게 말해서 "나는 이제 혼자 할 수 있어. 내가 할 거야!"라는 마음과 "아니야, 나는 아직 엄마 없이는 무섭고 불안해!"라는 양가감정이 하루에 수십 번씩 왔다 갔다 하는 시기입니다.

이 시기를 주 양육자로부터 정신적 독립을 해나가는 '분리 개별화 단계'라고도 합니다. 전문가들은 이 '재접근기'가 정상적인 발달 과정 중의 하나지만 그 어느 때보다 혼란스러운 시기라고 힘주어 말합니다.

재접근기 아이들의 행동 특성

□ 하루 종일 "안아 줘."라는 말을 반복합니다. → 넣어 뒀던 아기띠를 다시 꺼내게 됩니다.

□ 아빠도 거부하고 주 양육자인 엄마만 찾게 됩니다. → 목욕도, 잠

도, 밥 먹는 것도, 심지어 카시트에 태우고 내릴 때도 엄마만 찾습니다.

- ☐ 감정 기복이 심하고 자주 떼를 씁니다. → "내가!" 하며 자신이 하겠다고 했다가 갑자기 짜증을 내는데, 도와주겠다고 하면 더 크게 떼를 쓰기도 합니다.
- ☐ 혼자 놀이에 집중하지 못하고 엄마(아빠)를 따라다닙니다. → 화장실 가면 울고, 집안일을 할 땐 엄마 다리에 매달려 있는 게 시그니처 포즈입니다.
- ☐ '아니야.', '싫어.'라는 표현을 자주 합니다 → '아니야병', '싫어병', '내가병', '안아병'은 4종 세트라고 불릴 만큼 함께 나타납니다.
- ☐ 요구를 들어주지 않을 때 발작하듯 흥분하여 떼를 쓰거나 분노합니다. → 재접근기와 자아가 강해지는 시기는 겹칩니다.
- ☐ 수면 중 자주 깨고 쉽게 다시 잠들지 못합니다.

재접근기의 현명한 부모 역할

첫째 • 최대한 안정감을 느끼도록 수용해 주세요

재접근기 아이들의 행동을 단순한 응석이나 칭얼거림으

로 오해해서는 안 됩니다. 이는 아이 스스로 감당하기 어려운 깊은 불안감의 표현이며, 주 양육자와의 신체적 접촉을 통해 안정감과 소속감을 찾고자 하는 과정입니다. 물론 훈육이 필요한 순간 훈육을 하지 말라는 것은 아니지만 재접근기 동안은 최대한 안정감을 느낄 수 있게 안아 주고 수용해 줄 수 있어야 합니다.

개인적인 경험을 나누어 보면, 제 아이는 원래 유모차나 아기띠를 좋아하지 않았습니다. 그래서 돌 전부터 외출할 때는 아이가 스스로 밀고 다닐 수 있는 걸음마 보조기를 활용했죠. 아이는 이것을 밀면서 즐겁게 주변을 탐색하곤 했습니다.

하지만 재접근기가 시작되면서 상황이 달라졌습니다. 잘 걷던 아이가 이제는 바닥에 발을 딛고 있는 시간이 10분도 되지 않았습니다. 20개월이 된 아이는 무게도 꽤 나가서 계속 안아 주기가 힘들었고 손목도 많이 아팠습니다. 결국 힙시트를 새로 구매해서 사용하게 되었지요.

이 시기는 부모에게도 분명 체력적으로나 정신적으로 많이 힘든 시기입니다. 하지만 이때 아이가 충분한 안정감을 경험하면 그다음 발달 단계로 더욱 건강하게 성장해 나갈 수 있다는 것을 기억해 주세요.

둘째 • 스스로 하고 싶은 아이의 마음을 지지해 주세요

아이가 불안감을 보이고 자주 안기려 한다고 해서 스스로 하고 싶어 하는 욕구가 없는 것이 아닙니다. 스스로 해 보고 싶은 독립적인 마음도 공존한다는 것을 잊지 말아야 해요. 그래서 아이가 무언가 시도하려고 할 때 진심으로 지지해 주어야 합니다. '시간이 오래 걸려서', '음식을 쏟을까 봐', '뒤처리가 힘들어서' 등 이런저런 이유로 아이가 스스로 해 보려는 시도를 계속해서 막아 버리면, 결국 아이는 스스로 해내는 경험이 부족하여 수동적인 아이, 의존적인 아이가 될 수밖에 없습니다.

무언가를 성취하기 위해서는 그에 필요한 과정이 있어야 합니다. 비록 서툴고 시간이 걸리더라도 아이가 스스로 시도하고 경험할 수 있는 기회를 충분히 제공하고 그 과정을 지지해 주세요.

셋째 • 사소한 것부터 선택권을 주세요

아이가 스스로 선택하고 결정할 기회를 주어야 합니다. 아침에 어떤 양말을 신을지, 식사할 때 어떤 식판을 사용할지, 외출 시 어떤 신발을 신을지, 가방 안에는 어떤 물건을 챙겨 넣고 나갈지 등 사소한 것들을 스스로 고민하고 선택할 수 있게 해 주세요. 얼핏 보면 사소해 보이는 일상의 선택들이 실은 아이의 주도성과 독립심을 키우는 소중한 기회가 되기 때문입니다.

넷째 • 혼란스러운 마음을 공감해 주세요

재접근기의 아이들은 "아니야!", "싫어!", "내가!", "내 거야!"라고 독립적인 모습을 보이다가도, 곧바로 "엄마!", "안아 줘!", "같이!", "엄마가!"라며 의존적인 모습을 보입니다. 이러한 상반된 표현만 보아도 아이가 얼마나 큰 내적 혼란을 겪고 있는지 짐작할 수 있어요.

이런 상황에서 부모의 반응은 매우 중요합니다. "왜 그래!"라고 다그치기보다는 "그랬구나! 괜찮아. 그럴 수 있어. 기다려 줄게."와 같은 수용적인 말을 건네는 것이 좋습니다. 이런 따뜻한 한마디를 통해 아이는 '엄마는 내 편이구나.', '이런 감정을 느끼는 게 별일 아니구나.', '엄마는 언제든 나를 보호해 주고 내 마음을 존중해 주는구나.' 같은 중요한 메시지를 받게 됩니다.

하지만 때로는 부모도 지치고 힘든 마음에 부정적인 말투나 표정으로 아이를 대할 수 있습니다. 이럴 때 아이의 불안감은 더욱 증폭되어 여러 가지 문제 행동으로 표출될 수 있습니다. 갑자기 '악' 하고 소리를 지르거나 발작하듯 울며 떼를 쓰기도 하고, 불안감을 해소하기 위해 손톱을 물어뜯거나 애착물에 지나치게 집착하거나 유아 자위와 같은 행동을 보이기도 합니다.

물론 아이가 물건을 던지거나 다른 사람을 때리는 등의 행동을 할 때는 적절한 훈육이 반드시 필요합니다. 하지만 아이가 느끼는 불안한 감정 자체는 충분히 공감해 주어야 합니다. 아이의 행동은 바로잡되, 그 이면의 불안한 마음까지 부정하지 않는 것이 중요해요. 이렇게 할 때 혼란스러워하던 아이는 마음이 진정되고 안정감을 느낄 수 있을 것입니다.

다섯째 • 수면이 힘들 땐 옆에 있어 주세요

재접근기에는 잘 자던 아이의 수면 패턴에도 큰 변화가 올 수 있습니다. 갑자기 잠을 자려 하지 않거나 한밤중에 울면서 깨고, 다시 재우기도 어려워지는 일들이 반복되곤 합니다. 이는 아이의 높아진 불안감과 깊은 관련이 있습니다.

이 시기의 아이들은 불안한 마음에 여러 상황에서 두려움을 느낄 수 있는데요. 불을 끄고 난 후의 어둠, 깼을 때 엄마가 보이지 않는 순간, 눈을 감았을 때 아무것도 보이지 않는 상황 등이 무섭게 느껴질 수 있습니다. 그래서 아이들은 엄마 품에 파고들어 등을 두드려 달라고 하거나, 머리카락을 만져

달라고 하거나, 귀를 후비적거려 달라고 하는 등 다양한 요구를 하며 불안감을 낮추려 합니다.

다행히 이러한 수면 문제는 재접근기가 지나면서 자연스럽게 해결될 수 있으니 아이가 힘들어하는 순간에는 그 마음을 잘 수용해 주고 곁에 있어 주는 것이 좋습니다. 하지만 아이가 '불을 켜달라.', '밖으로 나가자.', '책을 읽어 달라.'와 같은 지나친 요구를 할 때는 이를 수용해서는 안 됩니다. 뭐든 아이가 원하는 방식대로 들어주는 것이 불안감을 낮추는 방법은 아닙니다.

이 시기는 아이의 자아가 강해지는 때라 모든 것을 자신이 통제하고 싶어 하는 마음이 커집니다. 이때 부모는 무엇을 들어주고 무엇을 제한해야 할지 혼란스러울 수 있습니다. 이럴 때는 다음과 같은 원칙을 지키는 것이 좋습니다.

"무서워서 엄마가 옆에 있었으면 좋겠구나.", "엄마가 만져주면 마음이 편안해지는구나."와 같이 아이의 감정은 충분히 수용해 주되, 수면의 기본적인 규칙과 환경은 일관되게 유지해야 합니다. 수면 중에 하지 말아야 할 것들이 한 번 허용되면 아이의 요구는 점점 더 늘어나고 결국 건강한 수면 패턴이 무너질 수 있기 때문입니다. 행동 기준이 흔들려서는 안 됩니다. 수면 교육에 대해서는 뒤에서 자세히 다루도록 하겠습니다.

★ 민주쌤의 현실 밀착 육아코칭 ★

Q 재접근기에 아이가 너무 자주 깨는데 안 깨도록 하는 방법은 없을까요?

재접근기의 수면 문제는 결국 시간이 지나면서 자연스럽게 해결되기는 하지만, 그 과정이 짧게는 몇 주, 길게는 몇 개월까지 이어질 수 있습니다. 이 기간 동안 부모도 수면 부족에 시달리게 되죠.

여기서 실제로 도움이 될 만한 경험을 하나 나누고 싶습니다. 이론적인 해결책은 아니지만 제가 너무 힘들었던 시기에 시도했던 방법인데요. 큰 베개에 저의 수면 잠옷을 입혀서 아이 옆에 두고 이불을 덮어 주었습니다. 이것이 마법처럼 아이의 수면 문제를 완전히 해결해 주지는 않았지만 아이가 얕은 잠에서 엄마가 있다고 생각하기도 하고, 익숙한 엄마의 냄새를 맡으면서 안정감을 느끼는 것 같았습니다. 그 결과 열두 번도 넘게 깨서 엄마를 찾던 횟수가 절반 정도로 줄어들었죠. 완벽한 해결책은 아니었지만 저의 수면 부족을 조금이나마 해결하는 데 실질적인 도움이 되었습니다. 이처럼 이론적인 방법 외에 각 가정의 상황에 맞는 해결책을 찾아보는 것도 방법이 될 수 있습니다.

아이의 자존감을 키우는 부모의 말

“할 수 있어요! 제가 해볼게요!”라고 적극적으로 나서는 아이가 있는가 하면, “나는 잘하지 못하는데.”라며 주저하는 아이도 있습니다. 그러나 실제 능력과 자신감이 반드시 비례하지는 않지요. 또래보다 능력이 뛰어난데도 스스로를 낮게 평가하는 아이도 있고 아직 서툴고 미숙해도 자신을 매우 유능하다고 여기는 아이도 있어요.

이렇게 ‘자신감이 넘치는 아이’와 ‘자신감이 부족한 아이’의 차이는 어디서 오는 걸까요? 물론 타고난 기질의 영향도 있겠지만, 가장 큰 영향을 미치는 것은 바로 부모와의 관계, 그리고 부모의 말과 행동입니다.

여기서 우리는 ‘자아존중감(Self-esteem)’이라는 개념을 이해할 필요가 있습니다. 미국의 의사이자 철학자인 윌리엄 제임스(William James)가 처음 사용한 이 단어는 ‘나는 사랑받을 만한 가치가 있는 소중한 존재’이며 ‘어떤 성과를 이루어 낼 수 있는 유능한 사람이라고 믿는 마음’을 뜻합니다. 이 자아존중감은 타인의 평가가 아닌, 자신에 대한 스스로의 인식과 평가입니다. 건강한 자아존중감이 있다면 다른 사람들과 자신을 끊임없이 비교하며 힘들어하지 않고 자신을 소중하고 가치 있는 존재로 여길 수 있으며 설령 실패나 좌절을 경험하더라도 다시 일어설 수 있는 '회복 탄력성'을 발휘할 수 있습니다.

자존감은 아이에게 왜 중요할까?

세상을 살아가면서 좋은 일만 있으면 좋겠지만, 인생은 그렇게 흘러가지 않죠. 크고 작게 어려운 일, 힘든 일을 경험하게 됩니다. 이럴 때 누군가는 "괜찮아. 잘할 수 있을 거야!" 하며 잘 견뎌 내고, 또 누군가는 "나는 안 돼. 이건 내가 못하는 거야. 앞으로 회복이 가능할까?" 하면서 금방 포기해 버리거나 좌절하는 사람이 있습니다.

이러한 차이는 본인이 가진 능력의 크기가 아니라 '자존감'의 크기에서 비롯됩니다. 자존감은 우리 아이가 자라는 동안 모든 면에 영향을 미치는 중요한 요소입니다. 공부를 할 때도, 타인과 관계를 형성할 때도, 삶의 만족감에도 깊은 영향을 미치죠. 그만큼 자아존중감은 심리 상태의 중심을 잡아 주는 핵심 근육이라고 할 수 있습니다.

최근 '알바천국'이 실시한 10~20대 회원 1,648명 대상의 설문 조사 결과는 우리 사회의 현실을 잘 보여줍니다. 놀랍게도 응답자의 47.9%가 스스로 자존감이 낮다고 평가했습니다. 거의 두 명 중 한 명은 자존감이 낮다는 얘기겠죠.

제가 오랫동안 교육 현장에서 교사로 근무하며 매년 6월에 실시했던 '자아 지각 검사'의 경험을 나누고 싶습니다. 만 4세 이상의 유아를 대상으로 하는 이 검사는 미국의 발달심리학자인 수잔 하터(Susan Harter)와 제이미 파이크(Jamie Pike)가 1984년 그림을 이용해 유아를 대상으로 검사할 수 있도록 공동 개발한 '유아용 자아지각 척도'를 활용한 것이었습니다. 이 검사를 통해 유아가 자신을 어떻게 인식하고 있는지 파악하고, 이를 지도 방법 수립과 부모 상담의 자료로 활용할 수 있었습니다.

그런데 검사 결과지를 보면서 매년 흥미롭게 느꼈던 점이 있었습니다. 아이들 중에는 스스로 해낼 수 있는 자조 능력이 또래보다 뛰어난 아이들도 있고, 뭘 하든 교사의 손이 필요한 아이들이 있어요. 그런데 자아 지각 검사 결과의 수치를 보면 스스로 잘하는 아이인데 자아 지각 검사 점수가 낮게 평가되는 아이도 있고, 반대로 아직 뭐든 서툴고 교사의 손이 필요한 아이지만 수치가 굉장히 높게 나오는 아이들이 있습니다. 이 결과에서 알 수 있는 중요한 포인트는 아이의 실제 능력과 자기 평가가 일치하지는 않으며, 때로는 뛰어난 능력을 가진 아이가 오히려 자신을 낮게 평가할 수 있다는 것입니다. 이는 자존감 형성에 있어 실제 능력보다 더 중요한 다른 요인들이 있음을 알려 줍니다.

자존감이 낮은 아이의 다섯 가지 특징

- 질 것 같으면 금방 포기하고, 실패를 두려워한다.
- 문제를 푸는 과정을 궁금해 하지 않고, 문제 푸는 속도나 정답을 맞힌 개수, 즉 결과에 집중한다.
- 타인의 시선을 많이 신경 쓰거나 비위를 맞추려 행동한다.
- 좌절감을 감추려고 필요 이상의 장난을 치거나 과잉행동을 한다.
- 항상 내 것보다 다른 사람의 것을 탐낸다.

이러한 자존감이 낮은 아이의 특성은 누구에게나 조금씩은 나타날 수 있는 행동입니다. 모든 아이들은 때때로 자신감이 부족해 보이는 행동을 보일 수 있고, 이는 개인의 기질적 특성과도 관련이 있을 수 있습니다. 따라서 단순히 내 아이가 그런 모습을 보이는 것 같다고 해서 즉각적으로 '우리 아이는 자존감이 낮다.'라고 단정 지을 수는 없어요. 하지만 이런 모습이 과하게 나타나거나 문제가 되는 상황이 반복된다면 주의를 기울여 관찰해야 합니다.

자존감은 어떨 때 높아지고, 어떨 때 낮아질까?

일상에서 부모가 선택하는 언어, 추임새, 표정이 아이들의 자존감 발달에 깊은 영향을 줄 수 있습니다. 아이와 대화를 할 때 자신의 모습을 한 번 떠올려 보세요. 아이와 눈 맞추고 대화하는 순간들이 얼마나 되나요? 혹시 스마트폰을 보거나 집안일을 하면서 귀로만 듣고 겨우 "어~." 하고 형식적으로 대답하는 모습이 떠오르진 않나요?

이렇게 한 번 생각해 보세요. 배우자가 내 얘기를 눈 맞추고 귀 기울여 들어줄 때 존중받는다는 느낌이 들까요? 아니면 스마트 폰을 하면서 "어어~ 듣고 있어~. 그래서~" 라고 할 때 존중받는다는 느낌이 들까요? 물론 매순간 모든 일을 제쳐두고 아이와 눈 맞춘 상태로 대화할 수는 없어요. 그렇지만 하루에 단 몇 분 동안이라도 아이와 질적인 시간을 가지는 것은 아이의 자존감 발달에 굉장히 큰 영향을 미칠 수 있어요.

아이의 자존감을 높여 주기 위해서 또 하나 중요하게 점검해 보아야 할 것이 있습니다. 바로 부모인 '나'의 자존감은 어떠한지 체크가 필요합니다. 부모의 낮은 자존감이나 부정적인 자아인식은 어쩔 수 없이 아이를 양육할 때에 영향을 미칠 수 있습니다. 어떤 부모는 내가 할 수 없었던 부분을 내 아이에게 과하게 요구하며 대리만족을 추구하는가 하면 어떤 부모는 과도한 걱정으로 아이가 충분히 도전할 수 있는 과제를 해볼 기회조차 차단할 수 있습니다. 이처럼 부모의 자존감 문제는 고스란히 아이의 성장과 발달에 영향을 미칩니다. 따라서 건강한 아이로 키우기 위해서는 무엇보다 부모 자신의 마음 건강을 잘 관리하는 것이 선행되어야 합니다.

다음 로젠버그 자존감 테스트로 자아존중감 상태를 점검해 보세요. 로젠버그 자존감 테스트는 열 개의 문항으로 구성되어 간편하게 사용할 수 있고, 많은 연구에서 높은 신뢰도와 타당성을 보인 검증된 도구입니다. 다양한 문화권과 연령대에서 적용 가능하며 임상 및 연구에서 널리 사용되고 있습니다.

자아존중감 척도 검사

Rosenberg Self-Esteem Scale(RSES)

이름:

문항	내용	매우 그렇지 않다	그렇지 않다	그렇다	매우 그렇다
1	나는 내가 다른 사람들처럼 가치 있는 사람이라 생각한다.	①	②	③	④
2	나는 좋은 성품을 지녔다고 생각한다.	①	②	③	④
3	나는 대체적으로 실패한 사람이라고 생각한다.	④	③	②	①
4	나는 다른 사람들만큼 일을 잘할 수가 있다.	①	②	③	④
5	나는 자랑할 것이 별로 없다.	④	③	②	①
6	나는 나 자신에 대하여 긍정적인 태도를 가지고 있다.	①	②	③	④
7	나는 나 자신에 대하여 대체로 만족한다.	①	②	③	④
8	나는 나 자신을 좀 더 존중할 수 있으면 좋겠다.	④	③	②	①
9	나는 가끔 자신이 쓸모없는 사람이라는 느낌이 든다.	④	③	②	①
10	나는 때때로 내가 좋지 않은 사람이라고 생각한다.	④	③	②	①
	합계				

<결과>

- 10~19점: 자존감이 낮은 수준에 속함
- 20~29점: 자존감이 보통 수준에 속함
- 30점 이상: 건강하고 바람직한 자존감 수준에 속함

자아존중감이 높은 아이로 키우고 싶다면

만 2세가 되면서부터 "나는 잘 해낼 수 있는 사람이야."라는 나에 대한 믿음이 형성되기 시작합니다. 이렇게 자아가 강해지면서 "내가! 내가 할 거야!"라며 모든 것을 스스로 해 보려고 하죠. 많은 부모들이 이런 모습을 단순한 고집이나 떼쓰기로 여기기 쉽습니다. 아이가 서툴고 시간이 오래 걸리니 기다리기도 힘들죠. 더구나 아이들은 자기가 하겠다고 고집을 부리다가도 잘 안되면 울고 짜증을 냅니다. 양말을 신으려다 실패하고 지퍼를 올리려다 좌절하면서 말이죠. 이때 부모는 "엄마가 해 준다고 했는데 너가 하겠다고 고집 부려 놓고 왜 짜증을 내!"라고 외치고 싶지요.

하지만 이 시기에 정말 중요한 것은 아이가 얼마나 잘했는지가 아닙니다. 우리가 주목해야 할 것은 아이가 스스로 시도하려 했는지, 실패 후에도 다시 도전하는지, 우리가 그런 기회를 충분히 제공하고 있는지입니다.

이 시기는 아이가 "엄마, 나도 할 수 있는 아이였어!" 하고 깨달아 가는 중요한 단계이기 때문입니다. 이때 가장 필요한 것은 아이를 믿어 주고 지지해 주는 부모의 존재입니다.

아이가 '존중감'을 느낄 수 있는 말을 해 주세요

아이는 독립적인 인격체이며 존중받아야 할 존재입니다. 따라서 아이가 느끼는 감정은, 그것이 긍정적이든 부정적이든 인정하고 받아들여 주어야 합니다. 더 나아가 아이의 감정을 적절한 언어로 표현해 주는 것이 매우 중요합니다.

예를 들어, 신발을 벗지 못해 울음을 보인다면 "신발이 잘 안 벗겨져서 속상했어? 잘하고 싶었는데 잘 안돼서 속상했구나. 신발 벗는 게 아직 어려울 수 있어. 그럴 수 있어."라고 아이의 감정을 읽어 주고 인정해 주세요. 또한 실패로 인해 짜증을 내는 아이에게는 "처음부터 잘 해내는 건 어려운 거야. 누구나 연습하고 실패하고 또 연습하고 하다 보면 더 잘할 수 있어. 스스로 해 보겠다고 시도한 것 자체가 정말 대단하고 멋진 거야."라고 말해줄 수 있어야 합니다.

하지만 여기서 한 가지 주의할 점이 있습니다. 아이를 존중한다는 것이 아이의 모든 요구를 무조건 들어주어야 한다는 의미는 아닙니다. 아이가 하고 싶어 하지만 위험한 일이거나, 건강을 해칠 수 있는 일, 타인에게 피해를 주는 일 등은 당연히 안 된다고 알려주는 것이 필요합니다. 이는 아이가 삶의 기준과 규칙을 배우는 데 필요한 중요한 과정이기 때문입니다.

작은 일이라도 '성공' 경험을 시켜 주세요

아이들의 삶은 매 순간이 배움과 경험의 연속입니다. 하지만 모든 아이가 동일한 기회를 얻는 것은 아닙니다. 어떤 아이들은 수없이 많은 시도와 경험의 기회를 얻지만, 어떤 아이들은 그렇지 못합니다.

일상적인 예를 들어 보겠습니다. 아침에 일어나서 세수하고 옷 입고 밥 먹는 과정을 생각해 보세요. 부모가 처음부터 끝까지 다 해 주면 오히려 부모는 더 수월합니다. 아이가 세수하다 옷을 적실 일도 없고, 밥을 먹다가 바닥에 흘릴 일도 없으니까요. 하지만 이런 편리함의 대가는 매우 큽니다. 여러 가지 이유로 부모가 모든 것을 대신해 준 아이들은 소극적이고 수동적인 성향을 가지게 될 위험이 있으니까요. 반면에 서툴더라도 작은 것부터 스스로 시도해 보는 경험이 매일 반복된다면 아이는 자연스럽게 발달이 촉진되고 주도적인 성향이 발달하게 됩니다.

그래서 아무리 작은 일이라도 아이가 스스로 도전해 볼 수 있는 기회를 제공하는 것이 중요합니다. 그리고 아이가 조금이라도 성공했을 때는 "우와, 스스로 세수도 했구나!"처럼 그 성공의 순간을 언어로 표현해 주어야 해요. 이런 칭찬을 들은 아이는 성취감을 느끼고, 이는 다시 새로운 도전을 위한 동기가 됩니다. 이처럼 작은 성공의 경험들이 하나둘 쌓이다 보면 아이의 마음속에는 '나는 잘할 수 있는 아이야.'라는 긍정적인 자아상이 형성됩니다. 그리고 이것이 바로 건강한 자존감의 토대가 됩니다.

아이의 '강점'을 말해 주세요

'강점'이란, 잘하고 좋아하는 것을 넘어 자신이 생각하고 행동하는 것에 있어 편안함을 느끼고 더 나아가 행복감을 느끼는 것을 의미합니다. 엄마는 아이가 잘 되었으면 하는 바람에 아이를 지적하는 말을 많이 하게 되는데요. 아이의 약점을 보완하기 위한 말보다는 아이의 강점에 초점을 맞춘 말을 더 많이 해 주세요.

이를 위해서는 지금부터라도 우리 아이를 더 세심하게 관찰할 필요가 있습니다. 아이가 무엇을 잘하고 좋아하는지, 무엇을 하고 있을 때 행복한 미소가 번지는지, 또 어떤 활동에 더 깊이 집중하고 몰입하는지를 주의 깊게 살펴보아야 합니다.

이렇게 발견한 아이의 강점을 중심으로 대화하고 격려하는 습관을 들인다면 머지않아 우리는 자신감 넘치고 당당한 아이의 모습을 보게 될 것입니다. 이것이 바로 아이의 건강한 자존감을 키우는 방법입니다.

◆

아이가 조금이라도 성공했을 때는 그 성공의 순간을 언어로 표현해 주세요. 이런 칭찬을 들은 아이는 성취감을 느끼고 이는 다시 새로운 도전을 위한 동기가 됩니다.

정서발달 - "감정을 말로 표현하기 어려워요."

만 3~4살 자녀를 키우는 부모들이 가장 자주 하는 말은 "울지 말고 말로 해!", "징징거리고 짜증만 내면 왜 그러는지 몰라!" 일 것입니다. 이는 아이가 이미 문장으로 의사소통이 가능한데도 계속해서 징징거리고 짜증을 내는 모습을 이해하기 어렵기 때문입니다. 실제로 아이가 하루 종일 말로 하지 않고 짜증을 내며 징징거리는 모습을 보면 부모의 인내심도 한계에 다다르게 됩니다.

하지만 이 시기의 아이들이 말을 할 수 있음에도 짜증과 울음으로 감정을 표현하는 데에는 중요한 발달적 이유가 있습니다. 바로 이 시기가 정서가 세분화되는 시기이기 때문입니다. 인간은 태어날 때부터 기본적인 정서를 가지고 태어나는데, 초기에는 단순히 긍정적인 감정과 부정적인 감정으로만 나뉘며 웃음이나 울음으로 표현됩니다. 그러다가 점차 기본 정서가 세분화되면서 이전에는 경험하지 못했던 복잡한 감정들을 느끼기 시작합니다. 단순한 화남이 실망, 수치, 섭섭함, 질투 등의 더욱 미묘하고 복잡한 감정으로 발전하는 것입니다. 그런데 아이들은 이렇게 다양해진 감정을 제대로 인식하지 못하고 그 감정의 이름조차 모르는 경우가 많습니다.

한번은 아이에게 엘리베이터에서 “안녕하세요?”라고 인사하도록 가르쳤는데, 기분 좋게 하원했던 아이가 엘리베이터에서 내린 후 집 현관에 들어서면서부터 갑자기 짜증을 내기 시작했습니다. 당시에는 이해할 수 없었던 이 행동의 이유를 몇 개월 후에야 알게 되었어요. 어느 날 아이가 “엄마, 사람들이 있는데 인사하라고 하면 내가 너무 부끄럽잖아.”라고 설명한 것입니다. 아이는 자신이 느끼는 수치심이라는 감정을 표현할 방법을 몰랐기에, 그저 짜증과 울음으로 그 불편한 감정을 표출했던 것입니다.

이렇듯 부모가 “이제 말 잘하잖아! 말로 해야 엄마가 알지!”라고 요구하더라도, 3~4살 아이들은 “엄마, 내가 지금 수치스러움을 느껴서 마음이 불편해.”라고 설명하기는 현실적으로 어렵습니다.

그렇다면 세분화된 감정은 어떻게 가르쳐야 할까요?

1단계 | 아이 본인이 느끼는 감정을 인지하도록 가르치기

인간의 정서 발달은 마치 세포가 분열하듯 점진적으로 세분화되는 과정을 거칩니다. 처음에는 단순히 긍정적/부정적 정서로 시작하지만, 점차 기쁨, 즐거움, 슬픔, 분노, 공포와 같은 감정으로 분화됩니다. 시간이 지날수록 이러한 감정들은 더욱 섬세해져서 행복, 설렘, 뿌듯함, 당황스러움, 미움, 부끄러움, 두려움까지 다채로운 스펙트럼을 이루게 됩니다. 하지만 아이가 이러한 다양한 정서를 스스로 인식하고 이해하기까지는 상당한 시간과 경험이 필요합니다.

아이들의 정서 발달은 다음과 같은 단계를 거칩니다.

정서의 발달 = 감정의 인식 → 감정의 조절 → 감정의 표현

우리 아이들은 아직 이 발달 과정의 초기 단계에 있습니다. 따라서 감정을 조절해서 잘 표현하라고 서두르기보다는, 먼저 "네가 느끼는 감정은 이런 거야.", "여러 가지 감정이 있는데, 혹시 이런 기분이 드니?"와 같이 아이가 자신의 감정을 인지하도록 돕는 것이 우리의 첫 번째 과제입니다.

저희 아이의 경우도 두 돌 넘어가면서 정말 많은 짜증과 울음을 보이기 시작했는데 "불편했어? 짜증이 났어? 속상했어?"와 같은 상호작용을 통해 아이의 감정을 언어로 표현해 주는 것이 도움이 되었습니다. 세 돌이 되면 더욱 다양한 방법으로 감정 교육을 할 수 있는데, 그림책 속 등장인물의 감정을 이야기하거나, 평소 부모가 느끼는 감정을 구체적으로 표현해 주거나, 감정 그림카드를 활용하거나, 거울을 보며 표정 놀이

를 하는 등의 활동을 해 볼 수 있습니다.

2단계 | 아이의 감정을 공감하되 표현하는 법 가르치기

아이가 성장하면서 감정을 단순히 인식하는 것을 넘어, 그것을 적절히 표현하는 법을 배우는 것이 중요합니다. 이 단계에서는 아이의 감정에 공감하면서도 그 감정을 표현하는 방식에 대한 피드백을 자주 해 주어야 합니다.

물론 하루 종일 아이와 씨름하다 보면 이론적으로 알고 있는 것을 실천하기가 쉽지 않습니다. 끊임없는 짜증과 울음소리에 지쳐 "너! 그만해! 소리 지르마! 울지 마! 우는 거 아니야!"라고 화를 내게 되는 순간이 찾아오기도 합니다. 하지만 아이의 입장에서 생각해 보면 '화가 나고 짜증나는데 엄마는 내 마음을 알아주지 않고 어떻게 표현해도 울지 말라고만 해. 이 감정들을 어떻게 해야 하지? 짜증 나고 화가 나도 무조건 참으라는 건가?' 하며 더욱 답답해할 수밖에 없습니다.

따라서 다음과 같이 감정 표현법에 대한 피드백을 꾸준히 제공하는 것이 중요합니다.

"속상했어? 속상할 때는 울음이나 짜증으로 표현하는 게 아니라, '엄마 안아주세요, 속상해요.' 이렇게 말하는 거야."

"화가 났어? 화가 날 때는 소리 지르고 드러눕는 게 아니라, 먼저 후~ 크게 숨 쉬면서 마음을 가라앉히는 거야."

저희 아이는 이러한 연습을 꾸준히 하였더니 세 돌 무렵부터 놀라운 변화를 보여주었어요. 어느 날 아이가 저의 표정을 살피더니 "엄마 속상해? 슬퍼서 그래? 시간이 필요해?"라고 물어오는 거예요. 이처럼 인내심을 가지고 꾸준히 가르치면 자신의 감정을 조절하고 표현하는 것은 아직 미숙할 수 있지만 타인의 감정에 관심을 갖고 인식하기 시작할 뿐만 아니라, 이럴 땐 이렇게 표현해야 한다는 기본적인 개념이 자리 잡기 시작합니다.

3단계 | 스스로 감정을 조절하는 능력 키워 주기

감정의 이름을 알고 자신의 감정을 인식하는 단계를 거쳤다면, 이제는 감정을 조절하는 능력을 키워줄 차례입니다. 짜증을 내거나 울 때 부모는 다음과 같은 전략을 사용할 수 있습니다. 먼저 부모 자신의 감정을 잘 관리하면서 "엄마가 기다리고 있을게."라고 전달합니다. 다음 아이가 스스로 감정을 처리할 시간을 충분히 줍니다. 아이가 스스로 감정을 추스르고 "이거 하고 싶었어요." 또는 "속상했어요."라고 말로 표현하면 그때 아이의 마음을 온전히 받아주면서 "짜증 내지 않고, 징징거리지 않고 말로 이야기해 줘서 고마워. 잘했어. 엄마가 잘 알아들었어."라고 구체적으로 칭찬해 줍니다.

이러한 긍정적 강화를 통해 아이는 '이것이 바람직한 행동이구나.'라는 것을 자연스럽게 학습하게 되며, 이러한 행동 패턴이 점차 강화됩니다. 다만, 처음에는 감정을 처리하는 데 시간이 오래 걸리거나 전혀 되지 않을 수도 있습니다. 이는 완전히 정상적인 과정입니다. 이럴 때는 앞선 1, 2단계로 돌아가 더욱 집중적으로 연습한 후 다시 시도해 보세요.

사회성 발달 - "이제는 친구가 필요해요."

만 4~6살 유아기로 접어든 자녀를 키우는 부모를 만나면 어김없이 아이의 또래 관계 때문에 걱정이라는 고민을 털어놓습니다. 아이로부터 "엄마, 친구가 나만 싫어해!", "친구가 나랑은 안 놀아줘." 같은 이야기를 자주 듣게 되면서 걱정하게 마련이죠.

실제로 교사 생활을 하면서도 부모님들로부터 "우리 아이는 누구와 친하게 지내나요?", "친한 친구는 몇 명인가요?",

"친구 관계에 어려움은 없나요?" 같은 질문을 매우 자주 받았습니다.

이는 아이의 발달 단계와 밀접한 관련이 있습니다. 이전에는 주로 애착 대상인 담임교사와의 관계가 중심이었다면, 사회성이 발달하는 시점이 되면 또래에 대한 관심이 크게 증가합니다. 한 교실 안에서 옹기종기 모여 놀지만 사실은 각자의 놀이에 집중하던 영아기 때와 달리 유아기가 되면서 좋아하는 친구 행동을 모방하기 시작하고, 함께 놀이를 즐기며 깔깔깔 즐거워하는 모습을 보입니다. 하지만 이 시기의 아이들은 아직 사회적 기술이 매우 미숙한 단계입니다. 그래서 종종 서로에게 상처가 되는 말들을 하게 됩니다.

예를 들어 원피스를 챙겨 입고 온 아이가 "내 원피스 예쁘지?"라고 물으면, 엄마가 오늘 상하복을 입혀 보내서 잔뜩 속상한 친구는 "아니! 하나도 안 예뻐! 우리 집에 더 예쁜 원피스 있거든!" 하고 상처를 주기도 합니다. 그림을 그리고 있는데 친구가 "우리 같이 엄마 놀이 하자."라고 제안하면 "나 그림 다 그리고 같이 하자. 조금만 기다려."라고 얘기하면 좋겠지만 "싫어."라고 단칼에 거절하기도 하지요.

그래서 아이들이 집에 와서 "엄마, 친구가 나 싫어해. 나랑만 안 놀아줘. 난 하나도 안 예쁘대."라며 속상한 마음을 털어놓는 것이랍니다. 특히 아이가 자주 언급하는 친구는 대개 취향이 비슷하거나 잘 어울리는 친구여서 하루 종일 함께 지내면서 그만큼 자주 티격태격하게 마련입니다.

이런 상황에서 교사와 부모는 "그렇게 말하면 친구가 속상하니까 이렇게 말해 보자."라는 식으로 끊임없이 가르쳐 주어야 합니다. 이를 통해 아이들은 점차 타인의 감정에 관심을 갖고 이해하고 수용하는 사회성을 기를 수 있게 됩니다.

친구와 잘 어울리는 아이의 공통점

또래 관계에서 인기 있는 아이들의 특징을 살펴보면 대체로 신체활동에 활발하고 놀이에 적극적일 뿐만 아니라 자기중심적인 사고에서 벗어나 타인을 배려하고 상대방의 감정을 잘 이해하고 수용하는 모습을 보입니다.

반면 또래 관계가 원활하지 않은 아이들은 다른 특징을 보입니다. 신체 활동이나 놀이에 소극적이고 참여도가 낮으며 친구들과 어울리기보다는 혼자 노는 것을 선호합니다. 또한 자기감정 표현이 서툴러서 마음과 달리 까칠하거나 예민하게 보일 수 있고, 부정적 감정을 과격하게 표현하는 경향이 있습니다.

구체적인 예를 들어 보겠습니다. 역할놀이를 할 때 두 아이가 모두 주인공을 하고 싶어 하는 상황을 생각해 볼까요? 사회성이 높은 아이들은 "너도 주인공하고 싶지? 나도 하고 싶은데 둘 다 같이하고 싶으면 어떻게 하면 좋을까?" 하고 자신의 감정도 표현하면서 동시에 해결책을 함께 찾으려 합니다. 의견이 좁혀지지 않거나 친구 마음이 상할 것 같으면 "가위바위보로 결정할까?" 같은 대안을 제시하거나, "이번에 먼저 너가 하고 그 다음에는 내가 할게."라며 타인의 감정을 수용해 양보하기도 합니다.

이런 행동은 그저 '착한 아이'의 모습이 아닙니다. 이는 높은 정서지능과 뛰어난 자기조절력의 결과입니다. 즉, 사회성이 좋다는 것은 하나의 단일한 능력이 아니라, 자기조절력, 정서지능 등 여러 능력이 복합적으로 발달했다는 의미입니다.

여기서 한 가지 중요한 오해를 짚고 넘어갈까요? 사회성이 좋다는 것이 항상 양보를 잘하는 것을 의미하지는 않습니다. 진정한 사회성은 자신이 원하는 것을 정확히 인지하고 그것을 적절하게 표현할 수 있는 능력까지 포함합니다. 우리는 아이들에게 이러한 균형 잡힌 사회성을 가르쳐야 합니다.

사회성 발달은 연령에 따라 다르다

"양보해야 착한 사람이지. 혼자 다 하고 싶은 건 욕심쟁이야."

이런 말을 자기중심적인 사고가 강한 시기인 영아기의 아이들이 들으면 "그럼 나는 나쁜 사람인가?" 하고 잘못된 자아인식을 할 수 있습니다. 물론 그림책이나 놀이를 통해 바람직한 행동과 사회적 기술을 자연스럽게 배우도록 돕는 것은 필요합니다. 하지만 자기중심적 사고를 하는 시기의 아이에게 그런 마음과 표현에 대해 잘잘못을 따지고 평가하는 것은 너무 이른 시도일 수 있습니다.

이렇게 사회성 발달에 있어 부모의 역할은 아이의 연령에 따라 달라집니다. 즉, 영아기, 유아기, 유초등기에 각각 다른 접근이 필요합니다. 이제 이 세 단계에서 부모가 어떤 역할을 해야 하는지 자세히 살펴보도록 할게요.

사회성 발달 1단계(0~3세 영아기)

- 자기를 인식하는 시기
- 자신의 감정과 표현을 배우는 시기
- 타인의 감정에 관심 갖는 시기

영아기의 사회성 발달은 자아개념의 형성과 함께 시작됩니다. 이 시기에 아이들은 점차 강해지는 자아를 바탕으로 독립심과 자율성을 나타내기 시작합니다. 가장 먼저 주 양육자가 자신과 분리된 존재라는 것을 인식하면서 반대 의견을 내고 자기주장을 펼치며, 때로는 떼를 쓰기도 합니다. 이 시기는 부모에게 정신적, 육체적으로 매우 힘든 시간이 될 수 있습니다.

이 시기 아이들은 특징적인 행동을 보입니다. 엄마의 품에서 벗어나 독립적으로 행동하려 하고 서툴지만 양말이나 신발을 혼자 신으려 하며 컵에 음료를 따르는 것도 스스로 하려고 합니다. 이런 시도들은 종종 안전을 걱정하는 부모의 통제와 충돌하게 됩니다.

이때 부모의 역할은 매우 중요합니다. 아이의 자율성을 최대한 존중하면서 스스로 시도해 볼 기회를 제공하되, 해도 되는 것과 하면 안 되는 행동에 대한 기준은 일관되게 제시해야 합니다. 이런 과정을 통해 아이는 '모든 것을 내 마음대로 할 수는 없다.'는 것을 자연스럽게 배우게 되며 이는 나중에 유아기가 되었을 때 친구관계에서 자신을 적절히 조절하고 통제하는 능력의 기초가 됩니다.

이 시기에는 자기중심적 사고가 매우 강하기 때문에 다른 사람에게 양보하는 것이나 함께 놀이하는 것, 타인의 감정

◆

아이의 마음을 경청하고 공감하면서, 동시에 추상적인 감정들을 구체적인 언어로 표현해 주세요.

이나 입장을 이해하는 것을 강요하기보다는 '나' 자신을 긍정적으로 인식하도록 돕는 것이 중요합니다. 또한 아이의 마음을 경청하고 공감하면서 동시에 추상적인 감정들을 구체적인 언어로 표현해 주어야 합니다. "오늘 기분이 좋아서 웃음이 났구나.", "친구가 놀잇감을 뺏어 가서 속상해 눈물이 났구나."와 같이 반복적으로 감정을 언어화해 주면 아이는 점차 사람에게 다양한 감정이 있다는 것을 인식하고 이를 수용하고 존중하는 능력을 키워갈 수 있습니다.

무엇보다 영아기에는 '나' 자신을 긍정적으로 인식하고 건강한 자아개념을 형성하는 것이 가장 중요합니다. 이것이 바로 건강한 사회성 발달의 토대가 된다는 점을 기억해 주세요.

사회성 발달 2단계(4~6세 유아기)

- 나의 감정을 알고 조절하는 시기
- 다른 사람의 감정을 인식하고 존중하는 법을 배우는 시기
- 다른 사람과 긍정적인 관계를 맺으며 화목하게 지내는 시기
- 약속과 공공규칙을 지킬 수 있는 시기

유아기는 본격적으로 사회성 발달을 도와야 하는 시기입니다. 영아기 동안 반복적으로 연습하며 '해도 되는 것과 하면 안 되는 것' 즉, 나의 건강과 안전을 해치거나 타인을 불편하게 하는 행동을 하지 말아야 한다는 기준을 잘 배운 아이는 이제 친구 관계에서 적용해 볼 수 있게 됩니다. 또래와 조화롭고 긍정적인 관계를 맺기 위해 주변의 환경과 상황에 맞춰 자신의 욕구를 조절하는 과정을 배워 나가게 되죠. 이때 아이는 많은 시행착오를 겪게 됩니다.

부모는 아이가 타인의 감정에 관심을 갖고 이를 잘 인식하며 그 과정에서 자신을 조절할 수 있도록 도와주어야 합니다. 단순히 자신의 감정을 인식하는 것을 넘어 타인의 감정까지 이해하고 상황에 맞게 대처하는 방법을 배워야 하는 시기이니까요.

예를 들어, 놀잇감을 둘러싼 갈등 상황에서는 이렇게 대화를 나눌 수 있습니다.

"친구가 놀잇감을 가져가서 많이 속상했겠다. 그런데 친구도 네가 너무 오래 놀잇감을 쓰고 있어서 기다리다 화가 났나 봐. 친구한테 다음에는 화가 나도 그냥 가져가지 말라고 이야기해 주자. 그리고 친구를 위해서 우리도 조금씩 양보해 보자."

◆

아이가 타인의 감정에 관심을 갖고 이를 잘 인식하며, 그 과정에서 자신을 조절할 수 있도록 도와주세요.

이러한 대화를 통해 아이는 자신의 감정과 타인의 감정을 동시에 인식하고, 상황에 맞는 적절한 대처 방법을 배울 수 있습니다.

사회성 발달 3단계(6세 이상 유초등기)

- 또래 관계가 중요한 시기
- 타인과의 갈등 상황에서 문제를 해결할 수 있는 시기
- 타인과 유대감을 형성하고 협력할 수 있는 시기

유초등기는 사회성 발달의 새로운 단계입니다. 영아기에 자신을 인식하고 유아기에 타인의 감정에 관심을 두기 시작했다면, 이제는 타인의 감정을 더 깊이 이해하고 또래와 긍정적으로 타협하는 법을 배우는 시기입니다.

6세 이상의 아이들은 이제 충분히 타인의 입장을 이해할 수 있습니다. 하지만 이것이 항상 참고 양보해야 한다는 의미는 아닙니다. 중요한 것은 무조건적인 '착한 아이'가 되는 것이 아니라 자신의 감정을 솔직하고 적극적으로 표현하면서도 이를 잘 조절하고 타협점을 찾는 능력을 기르는 것입니다.

이 시기 부모의 역할은 아이가 스스로 책임감을 가지고

◆

모든 상황을 해결하려 들거나 판사 역할을 하려 하지 말고 아이가 스스로 책임감을 가지고 행동을 조절해 볼 수 있는 기회를 주세요.

행동을 조절해 볼 수 있는 기회를 제공하는 것입니다. 예를 들어 친구들이나 형제자매 간의 갈등이 발생했을 때 부모나 교사가 모든 상황을 해결하려 들거나 판사 역할을 하려 하지 말아야 합니다. 우선 흥분된 마음을 진정시킬 수 있도록 도와주고 아이들이 서로 대화하고 타협점을 찾을 수 있는 시간과 기회를 주는 것이 바람직합니다.

아이들의 문제 해결 방식은 종종 어른들의 예상을 벗어납니다. 방금 전까지 심각하게 다투던 아이들이 갑자기 유쾌하고 엉뚱한 방식으로 문제를 해결하곤 합니다. 결론이 나지 않으면 서로 가위바위보를 하고 와서 해결했다며 잘 노는 것이 아이들이기도 하니까요.

대단히 현명한 해결책을 찾은 건 아니지만 아이들은 이러한 경험을 반복하고 성장하면서 점차 더 성숙하고 현명한 방식으로 관계를 풀어가는 법을 배우게 됩니다. 이것이 바로 사회성 발달의 과정입니다.

자기조절력을 키워 주는 시기와 방법

저에게 육아에서 가장 힘든 시기를 꼽으라면 주저 없이 생후

21~23개월이라고 이야기합니다. 이 시기에는 일상의 가장 단순한 일조차 순탄하게 진행되지 않았던 것 같습니다. 기저귀를 갈아 주는 것, 외출 전 옷을 갈아입히는 것, 취침 전 머리 감기고 이를 닦이는 것까지 모든 것이 전쟁이었죠. 이런 일들을 하루종일 반복하다 보면 저녁에는 완전히 녹초가 되곤 했습니다.

많은 부모들이 비슷한 경험을 할 것입니다. 한번 떼를 쓰기 시작하면 원하는 것을 얻을 때까지 절대 포기하지 않는 아이를 키우면서 '육아'란 시간이 갈수록 나아지는 것이 아니라 오히려 더 어려워지는 것이라고 느끼는 순간들을 마주하게 됩니다.

그런데 여러 가지 양육 방법을 시도해 봐도 아이의 행동이 전혀 개선되지 않고 오히려 훈육 과정 자체가 더욱 어려워진다면, 아이의 '자기조절력'이 잘 발달하지 못한 것은 아닌지 의심해 봐야 합니다.

이제부터 자기조절력이 정확히 무엇이며 아이의 발달 시기별로 자기조절력을 어떻게 키워줄 수 있는지 자세히 살펴보겠습니다.

자기조절력이란?

'자기조절력'은 자신의 신체와 감정을 스스로 통제하고 조절할 수 있는 능력을 말합니다. 이 능력을 좀 더 구체적으로 들여다보면, 크게 유혹에 저항할 수 있는 능력, 순간적인 충동을 억제할 수 있는 능력, 그리고 즉각적인 만족을 지연할 수 있는 능력으로 구성되어 있습니다. 뇌 과학자들은 자기조절력이 잘 발달하기 위해서는 만 3세 이전에 아이의 뇌에서 감각, 감정, 이성을 연결하는 회로가 잘 형성되어야 한다고 이야기합니다.

이와 관련해 특히 주목할 만한 연구 결과가 있는데, 바로 양육자의 양육방식과 아이의 자기조절력 사이에 매우 높은 상관관계가 있다는 것입니다. 이는 '자기조절력'의 발달에 있어 부모의 역할이 얼마나 중요한지를 잘 보여줍니다.

자기조절력 발달 시기

아이의 발달 단계에 따라 자기조절력을 키우는 접근 방식도 달라야 합니다. 생후 12개월 이전의 아기는 생존과 직결된 기본적인 욕구를 즉각적으로 충족해 줘야 합니다. 배고프거나, 졸리거나, 불편할 때 우는 아기에게 민감하게 반응해 주면서 부모에 대한 기본적인 신뢰감을 형성하는 것이 이 시기의 중요한 과제입니다.

하지만 두세 돌이 되면서 상황은 달라집니다. 자아가 발달하면서 아이들은 더 많은 욕구를 더욱 구체적으로 표현하기 시작합니다. 게다가 인지적, 정서적, 언어적 발달이 아직 미숙한 상태이기 때문에 옳고 그름을 판단하기 어려워 하고 싶은 건 무조건 하려고 떼쓰는 정도가 이전과 비교할 수 없을 정도로 심해지는 경향이 있습니다. 이때가 바로 부모들이 두려워하는 '18개월'이자 '미운 세 살' 시기입니다. 저희 아이도 이 시기에 아파트 주차장에서 매일같이 드러누워 바닥을 쓸고 닦곤 했습니다. 어느 날 경비원께서 "너는 월급 받아야겠다. 이렇게 매일 바닥 청소를 하고 있으니."라고 농담을 던지셨던 기억이 납니다.

이제는 본격적으로 아이의 자기조절력을 키워주기 위해 난이도를 높여 가는 체계적인 접근이 필요합니다. 이는 가정의 육아 원칙을 명확히 세우고 실천해야 하는 중요한 시기입니다. 아이의 모든 요구를 무조건 들어주는 것도, 반대로 모든 의견을 무시하는 것도 바람직하지 않습니다. 대신 일상생활 속에서 때로는 하기 싫어도 해야 하는 것이 있고 하고 싶어도 참아야 하는 것이 있다는 것을 반복적으로 경험하게 해 주어야 합니다.

"자기조절력이 아이의 미래를 결정한다."는 말이 있을 정도로 이 능력의 발달은 매우 중요합니다. 따라서 이 시기를 놓쳤더라도 더 늦기 전에 자기조절력을 키워주는 데 관심을 기울여야 합니다.

아이의 자기조력력을 키워 주는 방법 다섯 가지

① 원하는 것을 스스로 표현하도록 기회 주기

종종 부모들은 아이가 어리다는 이유로, 또는 편의상 아이의 욕구를 바로 해결해 주곤 합니다. 예를 들어 아이가 물을 마시고 싶어하는 듯하면 별다른 소통 과정 없이 바로 물을 가져다주는 식입니다. 부모는 아이의 눈빛만 봐도 뭐가 필요한지 알아차리니까요. 그렇다 보니 별다른 소통 없이 욕구를 해결해 줍니다.

하지만 이런 방식은 바람직하지 않습니다. 비록 부모가 아이의 욕구를 알아차렸다 하더라도 "뭐 줄까?"라고 먼저 물어보고 아이가 말이나 손짓으로라도 표현하게 한 뒤에 "물 줄까? 물 주세요~ 했어?"라며 반응해 주어야 합니다. 이렇게 함으로써 아이는 자신의 욕구를 표현하는 방법을 배우게 됩니다.

이러한 과정이 반복되면 아이는 필요한 것이 있을 때 자신의 수준에 맞는 적절한 표현 방법을 습득하게 됩니다. 또한 자신의 의사나 감정, 특히 부정적인 감정도 표현해야 소통이 가능하다는 것을 직접 경험하게 됩니다.

반대로 이러한 표현 방법을 배우지 못한 아이는 점점 더 심한 떼를 쓰게 되고 부모는 아이의 행동을 이해하지 못해 불필요한 훈육을 하게 되는 악순환이 발생할 수 있습니다. 따라서 아이의 건강한 발달을 위해서는 이러한 의사소통의 기회를 일상에서 꾸준히 제공하는 것이 매우 중요합니다.

② 규칙과 가이드를 정하고 일관된 양육 태도 보이기

단, 안 되는 것이 너무 많으면 안 됩니다.

아이의 자기조절력 발달을 위해서는 명확하고 일관된 규칙이 필요합니다. 어떤 것을 자유롭게 할 수 있고, 어떤 것은 참아야 하는지에 대한 기준이 분명해야 합니다. 물론 처음에는 자기조절력이 완전하게 발달하지 못했기 때문에 무조건 하겠다고 떼를 쓰겠죠. 하지만 규칙과 한계가 일관되게 적용된다면 비록 화가 나고 속상하더라도 점차 그 한계를 이해하고 받아들이게 됩니다.

반면에 상황에 따라 규칙이 달라진다면, 즉 어떤 날은 허용되고 어떤 날은 금지되는 식이라면 아이는 자신이 원하는 것을 얻기 위해 계속해서 떼를 쓸 것입니다. 더 나아가 부모가 아이의 울음에 지쳐 결국 허용하게 된다면, 이는 '오래 울면 원하는 것을 얻을 수 있다.'는 잘못된 학습으로 이어지게 됩니다. 악순환이 반복되는 굴레에 빠져 부모와 아이 모두에게 혼란이 오는 거죠.

예를 들어, 영상 콘텐츠 시청에 대해 '세 개만 본다.'는 규칙을 정했다고 가정해 볼까요? 만약 아이가 1시간을 울어서 결국 더 보여 준다면, 아이는 '많이 울면 원하는 것을 얻을 수 있다.'는 결론을 내리게 됩니다. 반대로 1시간을 울어도 규칙이 지켜진다면 며칠 더 시도해 보다가 결국 '울어도 안 되는 건 안 되는구나.'라는 것을 깨닫게 됩니다.

이런 일관된 규칙과 부모의 태도가 지속되면 아이는 점차 규칙을 내면화하게 됩니다. 예를 들어 두 번째 영상을 볼 때 '다음이 마지막이구나.'라고 미리 인지하게 되는 것이죠. 물론 여전히 속상해서 울 수는 있지만, 이때의 울음은 이전의 떼쓰기와는 다른 성격의 것이기 때문에 울음소리부터 차이가 명확합니다. 이럴 때는 "눈물 뚝!"이라며 훈육하기보다는 속상한 마음에도 불구하고 약속을 잘 지켜준 것에 대해 칭찬하고 위로해 주는 것이 바람직합니다.

다만 한 가지 주의할 점이 있습니다. 아이의 발달 수준에 비해 규칙이 너무 많거나 어렵거나, 또는 제한사항이 지나치게 많으면 효과가 없습니다. 특히 아이가 어릴수록 쉽게 시도하고 성공할 수 있는 수준의 도전 과제를 제시하는 것이 중요합니다.

③ 규칙 안에서는 최대한의 자율성 보장해 주기

자기조절력을 키우는 궁극적인 목적은 수동적이거나 순종적인 '착한 아이'를 만드는 것이 아닙니다. 부모의 권위나 의견을 지나치게 강조하면 아이는 단순히 '이것이 허용되는지 안 되는지'만을 살피는 눈치 보기에 급급한 아이가 될 수 있습니다.

과도한 통제 속에서 자라는 아이들은 두 가지 극단적인 결과를 보일 수 있습니다. 어떤 아이는 무기력함을 느끼게 되고, 어떤 아이는 강한 반항심이 생길 수 있어요. 자기조절력 발달은커녕 오히려 더 충동적인 행동을 키우는 결과를 초래하게 되는 것이죠.

따라서 아이의 발달 단계에 맞는 적절한 한계를 설정했다면, 그 범위 안에서는 최대한의 자율성을 보장해 주는 것이 중요합니다. 이렇게 할 때 아이는 건강한 자기조절력을 발달시킬 수 있을 뿐만 아니라 도전과 실패를 두려워하지 않는 자신감 있는 아이로 성장할 수 있습니다.

④ '기다림'을 경험하게 하기

당장 하고 싶지만 스스로 잠깐 기다리는 시간을 학습시켜 주세요. 자기조절력을 키우는 중요한 방법 중 하나는 이 '만족지연' 능력을 발달시키는 것입니다. 이는 일상생활에서 어렵지 않게 훈련할 수 있습니다. 예를 들어, 간식이나 식사 시간에 "잠깐만 기다려~. 엄마, 아빠랑 같이 먹자."라고 하거나, 외출 준비 시 "잠깐만 기다려. 엄마도 준비할 시간이 필요해."라고 하면서 잠깐의 기다림을 경험하게 하는 것입니다. 이때 영상을 보고 있도록 하는 것이 아니라 아이 스스로 기다리는 시간을 주세요.

두 돌 이전의 아이들은 치즈나 우유, 떡뻥이나 비타민 같은 것을 원할 때 즉시 얻지 못하면 바닥에 누워 울곤 합니다. 이 시기에는 자기조절이 어려운 것이 당연하지만, 아이가 떼를 쓸수록 더 빨리 원하는 것을 주는 것은 바람직하지 않습니다. 이는 '바닥에 드러누워 울면 원하는 것을 더 빨리 얻을 수 있다.'는 잘못된 학습으로 이어질 수 있기 때문입니다. 대신 울지 않고 잠시 기다리면 원하는 것을 얻을 수 있다는 경험을 쌓게 해 주어야 합니다. 훈련이라고 해서 별다른 것은 없어요.

◆

당장 하고 싶지만 스스로 잠깐 기다리는 시간을 학습시켜 주세요. 자기조절력을 키우는 중요한 방법 중 하나는 이 '만족지연' 능력을 발달시키는 것입니다.

이렇게 일상에서 조금씩 만족을 지연시켜 주는 경험으로도 충분히 가능합니다.

이러한 훈련이 된 아이와 그렇지 않은 아이는 어린이집 생활에서도 분명한 차이를 보입니다. 항상 즉각적인 만족을 경험했던 아이는 선생님이 "잠깐만 기다려. 선생님 친구 얼른 봐주고 갈게."라고 말할 때 이를 받아들이기 어려워합니다. 반면 가정에서 기다림을 경험해 본 아이는 비록 말로 표현하지는 못해도 '잠깐 기다리면 선생님이 올 거야.'라는 믿음을 가지고 기다립니다.

특히 어린이집 교사는 여러 아이를 동시에 돌봐야 하기 때문에 부모처럼 즉각적으로 문제를 해결해주거나 욕구를 충족시켜 줄 수가 없지요. 따라서 돌이 지난 아이들은 가정에서부터 점진적으로 '기다림'을 경험하는 것이 매우 중요합니다. 이것이 바로 자기조절력 발달의 시작입니다.

⑤ 부정적인 감정과 행동을 다스리는 모습 보여 주기

부모가 화가 났을 때 감정을 주체하지 못하고 소리를 지르거나 분노를 폭발시킨다면 아이 역시 그러한 행동을 배우게 됩니다. "모델링보다 더 좋은 교육은 없다."는 말처럼 아이들은 부모의 행동을 자연스럽게 학습하게 됩니다.

화가 나는 것은 어른이든 아이든 자연스러운 감정입니다. 특히 자기조절력이 아직 발달하지 않은 아이들은 더 많은 울음과 짜증으로 이러한 감정을 표현할 수밖에 없습니다. 이때 부모가 무조건 감정을 억누르고 긍정적인 모습만 보여 주는 것은 오히려 도움이 되지 않을 수 있습니다. 대신 부정적인 감정을 느낄 때 어떻게 대처하는지 실제적인 모델링을 보여주는 것이 더 효과적입니다.

예를 들어, "엄마가 지금 너무 화가 나서 잠깐 마음 가라앉힐 시간이 필요해."라고 말하면서 심호흡을 하고 가슴을 쓸어내리는 등의 구체적인 행동을 보여주는 것입니다. 단순히 "소리 지르면 안 돼!", "마음을 가라앉혀야지!"라고 말하는 것은 추상적 사고가 어려운 아이들에게는 큰 도움이 되지 않습니다.

잠깐 저희 집 이야기를 해 보겠습니다. 39개월 된 아이를 훈육해야 하는 상황에서 저도 모르게 돌아서면서 한숨을 쉰 적이 있습니다. 아이 앞에서 한숨 쉬면 안 된다는 생각에 주방으로 가면서 내뱉은 한숨이었는데, 아이가 이를 듣고 쪼르르 달려와서 "엄마! 화난다고 한숨 쉬면 안 되지! 나처럼 심호흡을 해야지!"라며 양손으로 가슴을 쓸어내리는 모습을 보여 주더라고요. '그 동안 힘들고 지쳐도 끊임없이 모델링을 보여준 것이 효과가 있구나.' 하고 보람을 느끼는 순간이었답니다.

지금 당장은 지치고 힘들어서 좋은 모델링을 보여 주는 것조차 버거울 수 있습니다. 하지만 거울처럼 부모의 행동을 모방하며 조금씩 변화하는 아이들의 모습을 보면서 다시 한번 힘을 내 보시기 바랍니다.

★ 민주쌤의 현실 밀착 육아코칭 ★

Q 혼자 놀기만 좋아하는데 괜찮을까요?

친구 관계에 어려움을 겪는 아이들을 돕는 방법 중 하나는 하원 후 두세 명의 소규모 그룹과 함께하는 놀이 경험을 제공하는 것입니다. 이는 여러 가지 장점이 있습니다. 우선 적은 수의 친구들과 어울리면 아이가 느끼는 심리적 부담감이 크게 줄어듭니다. 많은 친구들 사이에서는 위축되거나 자신을 표현하기 어려워하던 아이도 소규모 그룹에서는 더 편안하게 자신의 생각과 감정을 표현할 수 있어요.

또한 소그룹 안에서는 아이가 더 적극적으로 소통하고 상호작용할 수 있습니다. 때로는 놀이를 주도해 보는 경험도 할 수 있어 자신감과 리더십을 키우는 데도 도움이 됩니다. 이러한 소규모 놀이 경험이 쌓이면서 아이는 점차 더 큰 집단에서도 자연스럽게 친구 관계를 맺을 수 있는 능력을 발달시킬 수 있습니다.

Q 부끄럼이 많은 우리 아이, 어떻게 도와줘야 할까요?

부끄럽고 수줍어하며 새로운 환경에 적응하는 데 시간이 걸리는 성향은 대부분 타고난 기질적 특성에서 비롯됩니다. 이러한 기질 자체를 바꾸는 것은 어렵지만 적절한 칭찬과 격려를 통해 아이가 점진적으로 자신감을 키워나갈 수 있도록 도와줄 수 있어요.

인사나 발표 등 조그마한 시도와 노력도 매우 긍정적인 신호입니다. 이때 아이의 속도에 맞춰 천천히 꾸준하게 연습할 기회를 주는 것이 핵심입니다. 처음엔 부모가 함께 참여하거나 먼저 모델링을 보여 주는 것도 아이에게는 큰 용기를 낼 수 있는 힘이 됩니다.

Q 혼자 놀지 못하는 아이는 독립심이 부족한 것인가요?

이런 아이는 혼자 노는 것보다 사람들과 소통하는 과정에서 에너지를 얻는 성향일 수 있습니다. 이런 친구들은 보통 다른 사람과 함께 할 수 있는 놀이인 역할놀이와 인형극 놀이를 좋아합니다. 다른 사람과 관계 맺으며 즐거움을 느끼는 성향을 존중하면서도, 혼자 놀거나 스스로 해낼 수 있는 힘도 균형 있게 길러 줘야 합니다. 무작정 "혼자 좀 놀아!"라고 말하는 것은 아이에게 너무 막연하고 어려운 과제가 될 수 있습니다. 대신 구체적인 시간을 정해서 단계적으로 접근하는 것이 효과적입니다. 처음에는 10분부터 시작해서 20분, 30분으로 점차 혼자 노는 시간을 늘려 가는 것이 좋습니다.

이 과정에서 아이가 "심심해. 언제까지 혼자 놀아야 해?"라며 지루함을 표현할 수 있습니다. 이때 부모가 이 상황을 잘 견뎌 내야 합니다. 아이의 불편한 감정을 피하기 위해 영상을 보여 주거나, 우는 소리를 듣기 싫어서 계속 함께하는 놀이만 즐기게 한다면, 아이는 혼자 노는 힘과 독립심을 키울 기회를 잃게 됩니다.

'심심함을 느끼는 그 순간부터 창의력이 발달한다.'는 말이 있듯이, 처음에는 이 시간이 아이에게 어렵게 느껴질 수 있지만 스스로 어떤 놀이를 찾아보고 그 안에서 즐거움을 발견하게 되면 점차 자신만의 놀이를 주도적으로 계획하고 실행해 나갈 수 있을 것입니다.

Q 이유 없이 친구를 자꾸 때리는 아이, 어떻게 해야 하나요?

아이가 친구를 때리거나 불편하게 하는 상황이 발생하면 대부분의 부모들은 "친구한테 그러면 안 돼! 미안하다고 사과해야지.", "다음부터는 그러지 마."라는 훈육으로 상황을 마무리하곤 합니다. 하지만 이러한 접근은 문제의 본질을 놓치는 것일 수 있습니다.

겉으로는 특별한 이유 없어 보이는 이런 행동들의 이면에는 사실 친구와 놀고 싶고 관심을 받고 싶은 마음이 숨어 있을 수 있습니다. 다만 아이가 이러한 마음을 표현하는 적절한 방법을 알지 못해 부적절한 방식으로 관심을 끌려 하는 것입니다.

따라서 이런 상황에서는 단순히 행동을 제지하거나 사과를 요구하는 것을 넘어서 친구와 올바르게 상호작용하는 방법을 구체적으로 가르쳐 주어야 합니다. 친구가 반가울 때는 어떻게 인사하는지, 함께 놀고 싶을 때는 어떻게 제안하는지, 친구의 관심을 어떻게 긍정적인 방식으로 끌 수 있는지 등을 반복적으로 알려 주세요.

이유 없이 친구를 때리는 것은 결국 사회적 기술의 부족에서 비롯된 문제이므로 아이가 자신의 말과 행동이 타인의 감정에 어떤 영향을 미치는지 이해할 수 있도록 도와주어야 합니다.

생각의 날개를 달아 주는 인지발달

영유아기는 뇌 발달의 결정적인 시기

태아기부터 유아기는 뇌 발달에 있어 매우 중요한 시기입니다. 태아기, 즉 임신 기간 동안에는 뇌의 기본적인 구조가 형성되고 신경세포가 빠르게 증가해요. 또한 이 시기에는 임산부의 영양 상태와 환경적 요인이 태아의 뇌 발달에 큰 영향을 미칩니다.

출산 이후의 발달도 매우 놀랍습니다. 아기는 태어날 때 성인 뇌 크기의 약 25% 정도를 가지고 태어나지만, 출생 후 첫 해 동안 뇌의 크기가 두 배로 커져 50%에 도달합니다. 그러다 2세가 되면 이미 성인 뇌 크기의 약 75%에 이르게 됩니다.

다음 그래프에서 볼 수 있듯이 영유아기의 뇌 발달은 매우 가파른 상승 곡선을 그립니다. 유초등 시기 이후에도 뇌는 계속 발달하지만 그 속도는 점차 완만해지는 것을 확인할 수 있습니다. 이는 영유아기가 뇌 발달에 있어 얼마나 중요한 시기인지를 잘 보여 줍니다.

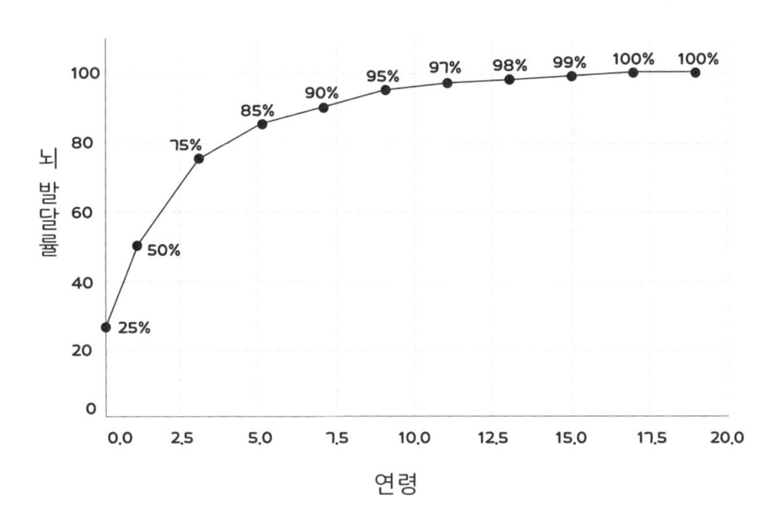

'결정적 시기'라고 불리는 영유아기는 뇌 발달에 있어 매우 특별한 의미를 갖습니다. 각 아이마다 발달 속도는 조금씩 다를 수 있지만 이 시기에 아이들이 경험하는 것들과 아이가 둘러싼 환경에서 받는 자극들은 뇌의 구조와 기능 형성에 결정적인 영향을 미칩니다.

따라서 부모는 이 시기의 중요성을 인식하고 아이에게 적절한 경험과 자극을 제공하도록 노력해야 합니다. 물론 이는 과도한 학습이나 자극을 의미하는 것이 아니라, 아이의 발달 단계에 맞는 적절하고 균형 잡힌 경험을 제공하는 것을 의미합니다.

뇌 발달의 핵심은 다양한 경험

영유아기가 뇌 발달의 결정적인 시기라는 것을 알았다면 이제 영유아기 자녀에게 어떤 것을 해줘야 할지가 고민될 거예요. 특별하고 대단한 것을 해 주어야 하는 것은 아닐지 걱정이 되기도 하죠. 하지만 이 시기에 정말 필요한 것은 '대단한 경험'이 아니라 '다양한 경험'의 제공입니다. 이 점에 주목하면 부담과 걱정을 한결 덜 수 있을 것입니다.

우리가 학창 시절 과학 시간에 배웠던 뉴런과 시냅스를 다시 한번 생각해 보면 이해가 쉬울 것 같습니다. 아이들은 태어날 때 이미 대부분의 신경세포를 가지고 있지만 이 세포들 간의 연결망인 시냅스는 영아기에 폭발적으로 증가합니다. 그래서 이 시기를 '시냅스 폭발기'라고 부르죠.

이어지는 유아기에도 흥미로운 변화가 일어납니다. 바로 시냅스의 '가지치기' 과정이 시작되는데요. 이전에 폭발적으로 생성되었던 시냅스 중에서 자주 사용되지 않거나 불필요한 연결은 제거되고, 반대로 자주 사용되는 경로는 더욱 강화됩니다. 마치 정원사가 나무의 불필요한 가지는 잘라 내고 중요한 가지는 더 튼튼하게 키우는 것과 비슷하다고 할 수 있죠.

영아기의 다양한 경험과 자극이 시냅스의 수를 늘리고 풍부한 연결망을 형성하는 데 영향을 미친다면 유아기의 경험은 이 연결망을 더욱 튼튼하고 효율적으로 만드는 데 중요한 역할을 합니다. 즉, 시냅스의 수와 강도는 개인이 어떤 경험을 하느냐에 따라 달라질 수 있으며 이는 곧 학습과 기억 능력에도 직접적인 영향을 미치게 됩니다.

따라서 이 시기의 부모가 해야 할 가장 중요한 일은 아이들에게 가능한 다양하고 풍부한 경험을 제공하는 것입니다. 이것이 바로 아이의 뇌가 건강하게 발달할 수 있는 토대가 됩니다.

영유아기의 뇌 발달이 얼마나 중요한지를 강조하다 보니 많은 부모들이 이 시기에 더 많은 학습과 정보 입력이 필요하다고 오해하곤 합니다. 특히 유치원 입학이 가능한 시기가 되면 "학습지는 언제 시작하는 게 좋을까요?"라는 질문이 늘어나고, 그 이유로 "지금이 너무 중요한 시기잖아요."라는 말을 자주 합니다.

사실 이 시기 아이들의 관찰력과 습득력은 정말 놀라운 수준입니다. 마치 스펀지처럼 새로운 정보를 빨아들이는 모습을 보면 감탄이 절로 나옵니다. 그렇지만 아직은 학습을 본격적으로 할 수 있는 준비가 된 발달 상태는 아닙니다.

그렇다면 영유아기에 어떤 경험을 제공하고 뭘 가르쳐야 할까요? 이 시기에 정말 필요한 것은 바로 '오감놀이'입니다. 문화센터나 원데이 클래스에서 늘 빠지지 않는 이 활동은 단순한 놀이가 아니라 뇌의 다양한 부분을 자극하고 발달시키는 중요한 경험입니다. 이를 통해 아이들은 종합적인 인지, 정서, 사회적 능력을 형성하게 됩니다.

다행히도 이러한 감각 자극은 특별한 프로그램이나 비용 없이도 일상에서 충분히 제공할 수 있습니다. 아이와 눈을 맞추며 노래를 불러 주는 것만으로도 좋은 청각 자극이 되고, 책이나 그림카드를 보여 주는 것으로 시각 자극을 줄 수 있습니다. 여기에 사운드북을 활용하면 시각과 청각 자극을 동시에 제공할 수 있죠.

일상적인 식사 준비 시간도 좋은 기회가 될 수 있습니다. 작은 식판에 브로콜리나 두부를 올려 주면 아이들은 자연스럽게 여러 감각을 사용하게 됩니다. 눈으로 보고, 손으로 만지고, 맛을 보고, 냄새를 맡으면서 다양한 감각을 활용하게 되죠. 여기에 엄마가 "오독오독", "말캉말캉", "보들보들"과 같은 의성어로 상호작용을 해 주면 청각 자극까지 더해져 완벽한 오감 자극 놀이가 완성됩니다.

이처럼 특별한 무언가가 아닌 일상의 자연스러운 순간들이 모여 아이의 뇌 발달을 돕는 소중한 경험이 되는 것입니다. 이것이 바로 영유아기에 필요한 학습의 모습입니다.

아이의 성장에 따라 경험의 폭과 깊이도 자연스럽게 확장시켜 줄 수 있어요. 놀이터에서의 활동은 단순한 놀이 이상의 의미를 가집니다. 아이들은 놀이기구를 타고 뛰어놀면서 신체 발달을 이루고, 친구들과 어울리며 언어와 사회성을 발달시킵니다. 또한 주변의 자연환경을 관찰하고 탐구 과정을 즐기면서 다양한 지식과 정보를 습득하며 인지 발달을 이루어 갑니다. 이러한 과정을 통해 아이들은 세상을 이해하고 논리적 사고와 추론 능력, 창의성을 발달시켜 나가는 것입니다.

이렇게 일상에서 반복되는 평범한 경험들이 모여 아이의 전반적인 발달에 깊은 영향을 미치게 됩니다. 이러한 경험들이 바로 오랫동안 살아남는 튼튼한 신경가지가 되는 것이죠. 여기서 중요한 점은 경험의 질과 양입니다. 경험이 많을수록, 즐겁고 긍정적일수록, 그리고 반복적일수록 좋습니다. 뇌가 이러한 패턴을 인식하고 학습하면서 건강한 뇌 발달과 전반적인 인지 기능이 강화되기 때문입니다.

따라서 부모는 아이에게 다양하고 풍부한 일상 경험을 제공하되, 그것이 즐겁고 긍정적인 경험이 될 수 있도록 해야 합니다. 이러한 일상의 작은 순간들이 모여 아이의 평생 발달에 영향을 미치는 소중한 토대가 될 것입니다.

자율성과 주도성 키워 주기

"딸이 두 돌쯤 되니 잘 걷고 뛰기 시작하면서 산책을 나가면 절대 손을 잡고 다니려 하지 않아요. 소위 '내가병'이 심해서 바깥놀이를 나갈 때 차가 다니지 않는 안전한 산책로를 택해야 하고요. 문제는 무법자나 다름없는 딸이 꼭 '들어가지 마세요.'라

고 적힌 잔디밭이나 잘 가꾸어 놓은 화단으로 들어가려고 떼를 쓴다는 거예요."

"다섯 살이 된 아이가 어느 날부터 아침에 일어나면 '오늘은 그거 말고 다른 거 먹을 거야.'라며 아침 식단을 정해요. 달래서 겨우 아침을 먹이고 옷을 입히면 이번엔 '이 옷은 내 스타일이 아니야.'라고 합니다. 한참 실갱이를 한 다음엔 신발장 앞에 서서 어떤 신발을 신고 갈지 한참을 고민하죠. 등원시키는 게 너무 어려워요."

이 시기 아이의 부모라면 누구나 공감하는 일화들일 것 같은데요. 이런 상황에서 부모들은 아이의 의견을 얼마나 수용하고 기다려줘야 할지 고민하게 됩니다.

어떤 부모는 아이가 결정할 때까지 한없이 기다려 주고, 또 어떤 부모는 떼쓰는 아이를 들쳐 업고 집으로 돌아가거나 씻기를 거부하는 아이를 그대로 욕조로 데려가기도 합니다. 이처럼 각자의 방식으로 상황을 해결하려 하지만 과연 어떤 것이 더 현명한 선택일까요?

저는 종종 "선생님은 어떻게 그렇게 항상 잘 기다려 주시나요? 정말 멋진 엄마인 것 같아요."라는 말을 듣습니다. 비슷한 맥락으로 아이가 어떤 상황을 받아들이거나 스스로 해낼 때까지 무조건 기다려 주는 부모를 '대단하다.', '좋은 부모다.'라고 평가하는 부모들이 있습니다.

하지만 이런 분들에게 꼭 말씀드리고 싶은 것이 있습니다. 물론 '기다려주는 시간'은 필요합니다. 그러나 무조건적인 기다림이 반드시 현명한 선택은 아닙니다. 상황과 맥락에 따라 적절한 기다림과 개입의 균형이 필요한 것입니다.

자율성과 주도성의 발달은 아이를 키우는 데 있어 매우 중요한 영역입니다. 모든 부모가 공통적으로 가지고 있는 가장 큰 목표는 자녀가 신체적, 정서적, 경제적, 사회적으로 건강하게 자립하여 자신의 삶을 책임감 있게 살아가도록 하는 것입니다. 아마도 지금 이 글을 읽고 있는 모든 부모들도 우리 아이가 건강하게 자립할 수 있기를 바라는 마음으로 하루하루 육아를 하고 있을 것입니다.

이러한 목표를 달성하기 위해서는 자율성이 발달하는 시기에 아이가 스스로 결정하고 시도해 볼 수 있는 기회를 제공하는 것은 분명히 필요합니다. 하지만 이것이 '무조건적인 허용'을 의미하는 것은 아니죠. 앞서 살펴보았듯이 자기조절력을 키우기 위해서는 규칙 안에서 최대한의 자율성을 보장해 주어야 합니다. 여기서 규칙은 곧 '한계설정'을 의미하는데, 만약 자율성 발달이라는 명목 하에 아이의 의견을 100% 수용하고 무조건 기다린다면, 이는 결국 0%의 한계설정과 0%의 통제가 되어 버립니다.

'자율성 발달'의 진정한 의미는 자신의 행동과 결정을 스스로 책임지며 독립적으로 선택할 수 있는 능력을 기르는 것입니다. 이는 두 가지 측면을 포함합니다. 하나는 아이가 하고자 하는 것을 자유롭게 선택할 수 있도록 하는 것이고, 다른 하나는 그 선택에 따른 책임을 질 수 있도록 가르치는 것입니다. 따라서 자율성과 통제 사이의 균형을 잘 맞추는 것이 매우 중요합니다.

우리가 살아가는 세상은 결코 혼자만의 것이 아닙니다. 어디를 가든 우리는 지켜야 할 규칙과 마주하게 됩니다. '아직 어린데…'라고 생각할 수 있지만, 우리 아이들도 이미 하루 종일 타인과 함께 지내며 규칙이 존재하는 어린이집이나 유치원 생활을 하고 있습니다.

그렇기에 건강한 성장을 위해서는 두 가지가 동시에 필요합니다. 하나는 최대한의 자율성을 허용하는 것이고, 다른 하나는 필요할 때 적절한 통제와 한계설정을 하는 것입니다. 이 두 가지가 균형을 이룰 때 아이는 진정한 의미의 자율성과 책임감을 배울 수 있습니다.

제멋대로 탐색하고 통제가 되지 않는다는 이유로 사람이 많은 공간이나 바깥 활동을 제한하는 것은 바람직하지 않습니다. 다양한 경험을 제공하되, '들어가지 마세요.'라는 표지판이 있는 곳에는 왜 들어가면 안 되는지 그 이유를 설명하면서 적절한 한계를 설정해 주어야 합니다.

물론 처음부터 "네." 하면서 순순히 방향을 바꾸거나 고집을 꺾지는 않을 것입니다. 하지만 설명도 없이 아이를 그저 들쳐 업고 그 상황을 회피하기만 한다면, 결국 중요한 학습의 기회를 뺏는 것밖에는 되지 않겠죠.

아이가 규칙과 한계를 이해하고 받아들이는 것은 하루아침에 이루어지지 않습니다. 끊임없는 설명과 일관된 태도, 그리고 반복적인 경험을 통해 아이는 점차 사회적 규칙과 한계를 내면화하게 됩니다. 이것이 바로 건강한 사회화의 과정이며 우리가 아이에게 제공해야 할 중요한 배움의 기회인 것입니다.

◆

잔디밭에 들어간 아이를 설명도 없이 그저 들쳐 업고 나오면, 결국 중요한 학습의 기회를 뺏는 것밖에는 되지 않아요. 끊임없는 설명과 일관된 태도, 그리고 반복적인 경험을 통해 아이는 점차 사회적 규칙과 한계를 내면화하게 됩니다.

잘 노는 아이가 자기주도 학습도 잘한다

'공부는 왜 해야 하나요?'라는 질문을 던지면 많은 사람들이 막힘없이 답변합니다. 기본 지식을 쌓아야 하고 좋은 성적으로 원하는 대학에 진학할 수 있으며, 자신이 원하는 직업을 선택할 수 있는 기회를 얻을 수 있다는 등 다양한 이유가 쏟아져 나오지요. 하지만 '놀이를 왜 해야 하나요?'라는 질문에는 잠시 정적이 흐르곤 합니다. 우리가 그토록 중요하게 여기는 '공부'를 시작하기 위한 첫 단추가 바로 '놀이'라는 점을 인지하지 못해 벌어지는 현상이지요.

놀이중심 교육으로는 최고라 자부하는 보육지원재단 소속 교사로 오랜 기간 일하며 아이들을 관찰하고 연구한 경험을 잠시 나눠 볼까 합니다.

놀이성을 갖춘 아이들은 등원하는 길에 스스로 오늘의 놀이 계획을 세우며 교실에 들어옵니다. "선생님, 오늘은 네모난 박스로 노트북을 만들 건데요. 검정색 시트지랑 글자 스티커가 필요해요."라고 마치 주문서를 넣듯 자신감 있게 요청하면서요. 이는 아이들에게 끊임없이 자유롭게 놀 수 있는 환경을 제공했기에 가능한 일입니다.

한번은 교사 주도 학습 중심의 기관에 다녔던 아이가 입소하여 한 달 정도 관찰한 적이 있었는데 이는 '놀이의 중요성'에 대해 다시 한 번 확신하게 된 계기가 되었습니다. 그 아이는 놀이가 주어지지 않으면 방황하는 모습을 보였고 놀이가 끝날 때마다 "선생님, 그다음엔 뭘 하고 놀까요?"라며 매번 지시를 기다렸습니다.

그렇다면 놀이를 공부로 바꿔 상상해 볼까요? 놀이성이 발달한 아이들은 학습 상황에서도 스스로 목표를 세우고 몰입하며 적극적으로 계획할 수 있을 것입니다. 반면, 무언가 주어져야만 행동할 수 있는 아이들은 주어진 과제를 성실히 수행할 수는 있겠지만 지속적으로 외부 동기부여를 받아야 하는 한계를 겪게 될 것입니다.

공부를 제대로 하기 위해서는 그것을 해낼 수 있는 몇 가지 능력이 필요합니다. 예를 들어, 책상에 앉아 집중할 수 있는 집중력이 있어야 하고 어떤 공부를 어떻게 해야 할지 스스로 결정하고 계획할 수 있는 주도적인 태도도 필요합니다. 또한 공부를 왜 해야 하는지 이해하고 동기를 부여할 수 있어야 하며 목표를 달성했을 때 성취감도 느낄 수 있어야 합니다.

이러한 능력들은 저절로 생기는 것이 아닙니다. 영유아기의 충분하고 다양한 놀이 경험을 통해 차곡차곡 쌓이는 것이죠. 따라서 본격적인 학습이 시작되기 전에 놀이를 통해 이러한 기초 능력을 키워주는 것이 바로 영유아기 자녀를 둔 부모가 해야 할 가장 중요한 과제입니다.

부모님들이 흔히 하는 실수가 있어요. 자녀가 학교에 입학할 즈음, 책상에 앉혀 놓고 30~40분씩 학습을 시키는 것입니다. 하지만 앉아 있는 연습이 충분히 이루어지지 않은 아이들에게 이는 쉽지 않은 과제입니다. '가만히 앉아 있기'와 '공부하기'라는 두 가지를 동시에 요구하니 아이들에게 큰 부담으로 다가올 수밖에 없지요. 영상에 자주 노출되었던 아이들은 1시간씩 가만히 앉아서 영상을 보았을 수는 있어요. 하지만 이렇게 일방향적인 자극으로 아이를 앉아 있게 만드는 것은 스스로 앉아 있는 힘을 길러 주는 것과는 아예 다른 이야기입니다. 그러니 어떤 자극 없이 스스로 앉아서 무언가를 해야 할 때 몸이 가만 있질 않고 학습의 효과는 떨어지니 결국 부모는 산만한 아이가 아닐까 걱정을 하게 되죠.

이런 이유로 본격적인 학습을 시작하기 전 단계인 영유아기에는 놀이를 통해 아이의 인지 능력, 사고력은 물론 스스로 주도하며 몰입하고 집중할 수 있는 힘을 길러 줘야 합니다. 놀이를 단순한 여가 활동으로 여기지 말고 학습의 기초를 다지는 중요한 과정으로 이해해 주세요. 마치 아파트를 지을 때 튼튼한 토목공사가 필수적인 것처럼 놀이야말로 아이가 배움의 기초를 다지는 과정인 것입니다.

하루 동안 아이와 나눈 대화, 질적으로 즐겁게 함께한 놀이 시간, 책을 읽어준 시간이 바로 이러한 기초를 다지는 시간입니다. 이는 곳간에 곡식을 채우는 것과 같으며 펌프에 물을 끌어올리기 위한 마중물이 되는 중요한 역할을 합니다.

놀이를 통한 자율성과 주도성의 발달은 아이가 배움의 여정을 즐기고 자기 주도적으로 목표를 이루어 나가는 힘의 기초를 다지는 가장 중요한 과정입니다. 아이가 오늘 즐긴 놀이의 시간이야말로 앞으로의 학습과 삶을 위해 쌓아가는 든든한 기초인 것입니다.

놀이성을 키워 주기 위한 부모역할

놀이가 아이의 성장과 발달에 얼마나 중요한지 살펴보았으니 이제는 부모가 아이의 놀이성을 어떻게 키워줄 수 있는지 구체적으로 알아보겠습니다.

① 놀이 환경을 조성하고 수준에 맞는 놀잇감 준비하기

아이의 생활공간이 잘 구성되어 있으면 자연스럽게 놀이

욕구가 생기고 안전하게 놀이를 경험하면서 즐거움을 느낄 수 있습니다. 하지만 교구장에 있는 놀잇감이 아이의 수준과 맞지 않으면 즉, 너무 쉽거나 너무 어려우면 흥미를 잃을 수 있기 때문에 아이의 발달 수준에 따라 놀잇감을 주기적으로 교체해 주어야 합니다.

'발달 수준에 맞는 놀잇감'을 어떻게 제공해야 할까요? 아이가 현재 충분히 스스로 할 수 있는 수준의 놀잇감과 함께 한 단계 더 높은 수준의 놀잇감을 동시에 제공하면 됩니다. 예를 들어, 아이가 평소 6~8조각 퍼즐을 맞출 수 있다면, 이 수준의 퍼즐과 함께 8~10조각 퍼즐도 함께 제공하는 것이 좋습니다. 이렇게 하면 아이는 도전 욕구를 느낄 수 있고 부모와 함께 다양한 방법을 시도해 보면서 문제를 해결했을 때 더 큰 성취감을 느낄 수 있게 됩니다.

② 놀이를 관찰하여 아이의 관심사 파악하기

아이들도 각자 고유한 관심사를 가지고 있습니다. 어떤 아이가 자동차를 좋아한다고 해서 모든 아이가 자동차에 관심을 보이는 것은 아닙니다. 만약 우리 아이가 공룡에 특별한 관심을 보인다면 공룡을 테마로 한 놀이를 통해 더욱 깊이 있고 의미 있는 놀이 경험을 만들어 낼 수 있습니다.

그렇기 때문에 부모는 아이가 평소에 무엇을 좋아하고 어떤 것에 관심을 보이는지 세심하게 관찰하고 파악하는 것이 매우 중요합니다. 때로는 부모들이 아이의 흥미보다는 자신의 취향이나 학습적 목적에 따라 놀잇감을 선택하는 경우가 있는데, 이는 바람직하지 않습니다.

즐거운 놀이가 이루어지기 위해서는 아이 스스로 놀이하고 싶은 욕구가 생겨야 합니다. 이러한 내적 동기부여가 있을 때에야 즐거운 놀이가 가능하다는 것을 기억하세요.

③ 즐거운 놀이 상대 되어주기

놀이에는 단순한 재미나 즐거움을 넘어서는 중요한 의미가 있습니다. 아이들은 놀이를 통해 자신을 표현하는 법을 배우고 다른 사람의 마음에 공감하는 능력을 키우며 다양한 사회적 역할을 이해하게 됩니다. 그래서 아이가 놀이할 때 상황에 맞게 적절히 반응해 주는 상대 역할이 중요합니다. 이 역할이 잘 이뤄질 때 의사소통 기술도 키워줄 수 있고 놀이도 더 확장해 나갈 수 있습니다.

④ 사용 설명서 역할은 하지 않기

놀이는 정답이 없습니다. 어떤 놀잇감을 어떤 방식으로

활용하든 문제 되지 않아요. '맞다, 틀렸다'의 평가는 주입식 학습이지 절대 놀이가 아니라는 것을 기억해 주세요. 아이 스스로 탐색하고 여러 가지 방법으로 시도하며 그 과정에서 즐길 수 있게 해 준다면 놀이성과 주도성, 창의성 모두 길러 줄 수 있습니다. 잘 놀아 주고 싶은 마음에 지나치게 놀이를 주도하려는 것 또한 금물입니다.

⑤ 너무 많은 질문이나 말은 삼가기

언어적 자극이 아이의 언어발달에 도움이 되는 것은 분명합니다. 하지만 놀이 중에 너무 많은 질문을 하거나 끊임없이 말을 거는 것은 오히려 역효과를 낼 수 있습니다. 지나친 언어적 개입은 아이가 놀이에 깊이 몰입하는 것을 방해할 수 있기 때문입니다. 때로는 아이가 조용히 자신의 놀이에 집중하는 것이 더 필요할 수도 있습니다. 따라서 부모는 아이의 놀이 모습을 세심하게 관찰하면서 언제 상호작용이 필요하고 언제는 그저 지켜봐 주는 것이 좋을지 판단할 수 있어야 합니다. 결국 중요한 것은 균형입니다. 적절한 언어적 자극은 제공하되, 아이의 놀이 몰입을 방해하지 않는 선에서 상호작용의 수위를 조절하는 것이 좋습니다.

대교그룹에 소속된 방문 학습 교사 천여 명을 대상으로 '영유아기 집중력' 교육을 했던 적이 있습니다. 강의가 끝나고 많은 질문이 있었지만, 그중 가장 생각나는 질문은 아이가 어느 정도 집중해야 산만하지 않고 집중력이 높다고 평가하냐는 질문입니다.

여러분은 어떻게 생각하세요? '산만한 아이' 하면 아이의 어떤 모습이 떠오르나요? 반대로 '집중력이 높은 아이' 하면 어떤 모습이 떠오르세요?

보통은 얌전히 잘 앉아서 학습하는 태도를 보이면 '집중을 잘한다.'라고 평가하고, 학습 시간에 엉덩이가 들썩거리고 진득하게 앉아있지 못하는 아이들을 '산만하다.'라고 평가하게 되죠. 그런데 영유아기와 유초등(저학년) 시기에는 적어도 '오래 앉아 있느냐, 못 앉아 있느냐'를 기준으로 집중력을 판단해서는 안 됩니다. 그리고 집중력을 높여 주기 위해서 무작정 책상에 앉혀 놓는 연습을 시키는 것은 더욱 주의해야 합니다.

이렇게 생각해 보면 이해가 쉬울 것 같습니다. 책상에 오래 앉아 있는다고 해서 학습 능률이 오르나요? 책상에 잘 앉아 있어도 산만한 아이들은 지우개 똥 만들고, 연필 굴리고, 낙서를 하는 등 굉장히 어수선합니다. 반면, 집중력이 높은 아이들은 짧은 시간 앉아 있더라도 뚜렷한 목적을 가지고 해야 할 숙제를 깔끔하게 수행하죠.

특히 주목해야 할 점은 아이들이 어떤 환경에서 생활하고 있는지가 큰 영향을 미친다는 것입니다. 부모가 선택한 기관의 특성에 따라 아이들의 경험은 매우 다릅니다. 자유로운 놀이 중심의 기관을 다니는 아이들이 있는가 하면, 학습 중심의 기관에서 초등학교 입학 전 3년 정도를 의자에 앉아서 수업을 받는 아이들도 있습니다.

당연히 이런 경험의 차이는 아이들의 행동에 영향을 미칩니다. 자유롭게 놀이를 했던 아이들은 앉아 있는 훈련이 상대적으로 부족하기 때문에 학습을 위해 앉혀 놓으면 본인의 실제 집중력과는 무관하게 엉덩이가 들썩일 수 있습니다. 반대로 앉아 있는 훈련이 된 아이들은 실제 학습이 효과적으로 이루어지지 않더라도 20~30분 정도는 충분히 앉아 있을 수 있지요.

그렇기 때문에 적어도 영유아기와 초등 저학년까지는 단순히 얼마나 오래 앉아 있을 수 있는지를 기준으로 집중력을 평가해서는 안 됩니다. 이 시기의 집중력은 '경험의 차이'로

봐야 합니다. 아이가 어떤 놀이를 하면서 깊이 몰입했던 순간, 그리고 그 과정에서 즐거움과 성취감을 느꼈던 경험이 반복될 때 자연스럽게 집중 시간이 늘어나고 집중하는 힘이 길러지는 것입니다.

따라서 진정한 집중력 향상을 위해서는 무작정 책상에 앉혀 두는 것보다 아이가 즐겁게 몰입할 수 있는 다양한 경험을 충분히 제공하는 것이 훨씬 더 중요합니다.

집중력을 높여 주는 4단계 방법

1단계 | 아이가 좋아하는 것 파악하기

집중력을 기르는 첫 단계는 아이가 진정으로 좋아하는 것이 무엇인지 파악하는 것입니다. 모든 아이는 저마다 특별히 관심을 보이고 몰입하는 대상이나 활동이 있습니다.

예를 들어, 자동차를 좋아하는 아이는 수십 가지 자동차 이름을 술술 외우고 바퀴 모양만 보고도 차종을 구별할 줄 압니다. 지하철에 관심이 많은 아이는 복잡한 노선도를 줄줄 읊기도 하고, 퍼즐을 좋아하는 아이는 또래보다 훨씬 많은 조각의 퍼즐도 능숙하게 맞춥니다. 공룡을 좋아하는 아이는 어려운 공룡 이름은 물론, 초식공룡인지 육식공룡인지도 구별하고 각 공룡의 특성까지 상세히 설명할 수 있죠.

하지만 특별히 좋아하는 주제가 없는 아이들도 있습니다. 이런 경우 걱정하시는 부모도 있는데 꼭 특정 주제가 아니더라도 아이들은 각자 즐거워하는 활동이 있습니다. 어떤 아이는 미술놀이를 할 때 특별히 즐거워하고, 어떤 아이는 역할놀이에 푹 빠지며, 또 어떤 아이는 엄마가 요리할 때 유독 관심을 보이기도 합니다.

제 아이의 경우를 예로 들어 보면 한동안 가위질에 완전히 몰입해서 무엇이든 자르는 것에 집중하는 시기가 있었고, 그 후에는 색종이 접기에 매료되어 한자리에 앉아 색종이 한 묶음을 모두 접기도 했습니다.

이처럼 우리는 먼저 아이가 현재 무엇을 좋아하고, 어떤 활동에 특별한 즐거움을 느끼는지 세심하게 관찰하고 파악해야 합니다. 이것이 바로 아이의 집중력을 키우는 첫걸음이 됩니다.

2단계 | 아이가 몰입할 수 있는 환경인지 점검하기

집중력을 키우는 두 번째 단계는 아이가 몰입할 수 있는 환경을 만들어 주는 것입니다. 가장 기본이 되는 것은 놀잇감의 정리정돈입니다. 여러 가지 자극이 한꺼번에 들어오면 아이의 집중이 흐트러질 수 있기 때문입니다.

아이가 놀이를 하다가 "어? 자동차도 있네?", "어? 책도 있네?", "아! 저기 새로 산 로봇도 있었지?" 하며 주변의 다양한 놀잇감에 계속 시선을 빼앗기게 되면 하나의 놀이에 집중하기가 어려워집니다. 놀잇감이 여기저기 어지럽게 흩어져 있으면 놀이가 자연스럽게 연결되지 못하고 산만해질 수 있는 것입니다. 따라서 아이의 생활공간은 몰입하기 쉽도록 잘 정돈된 상태를 유지해 주세요.

하지만 여기서 주의할 점이 있습니다. 이것은 아이가 놀이하는 중에 정리정돈을 강요하거나 깔끔하게 놀도록 통제하라는 의미가 아닙니다. 오히려 놀이 과정에서 다른 장난감이 필요하다면 그것을 가져와서 놀이를 확장시킬 수 있도록 허용해 주어야 합니다.

예를 들어, 아이가 동물 피규어로 동물원을 만들어 놀다가 자동차 장난감을 가져오려 할 때, "안 돼! 동물원 정리하고 자동차 놀이 해야지."라고 제지하지 마세요. 대신 아이의 놀이를 먼저 관찰해 보세요. 아이가 실제 동물원에서 보았던 주차장의 모습이 떠올라 동물원 주차장을 만들고, 거기로 연결되는 도로를 만들며, 동물원으로 이동하는 차들을 나열하는 등

놀이를 확장시킬 수 있으니까요.

이처럼 새로운 놀잇감의 등장이 반드시 다른 놀이로의 전환을 의미하는 것은 아닙니다. 때로는 기존 놀이가 자연스럽게 확장되는 과정일 수 있으므로 단순히 장난감의 종류가 바뀌었다고 해서 정리정돈을 강요하는 것은 바람직하지 않습니다.

3단계 | 좋아하는 것을 시작으로 몰입할 수 있는 기회 주기

집중력을 기르는 세 번째 단계는 아이가 좋아하는 활동을 시작으로 더 깊이 몰입할 수 있도록 기회를 주는 것입니다. 제 경험을 예로 들어 보자면, 저희 아이는 한동안 가위질에 완전히 빠져 있던 시기가 있었습니다. 저는 이를 매우 긍정적인 신호로 받아들이고 더 풍부한 경험으로 발전시킬 기회로 삼았습니다. '아이가 가위질을 좋아하는구나.'라고 인식하는 것에서 그치거나, 단순히 종이를 자르는 활동으로만 끝내지 않고 이러한 관심을 더 의미 있는 몰입 경험으로 발전시킬 수 있는 다양한 방법이 있습니다.

예를 들어, 날짜가 지난 마트 전단지를 활용하면 여러 가지 놀이로 확장할 수 있어요. 아이가 식재료들을 오려 내면서 채소, 과일, 육류, 유제품 등으로 분류해 볼 수 있고, 각 상품에 적힌 가격표를 통해 자연스럽게 숫자를 익힐 수도 있습니다. 여기에 가족들이 좋아하는 음식에 대해 이야기를 나누면서 대화의 폭도 넓힐 수 있죠.

이처럼 아이가 좋아하는 가위질이라는 활동을 중심으로 수놀이, 한글놀이, 가게놀이 등 다양한 요소를 자연스럽게 접목시킬 수 있습니다. 이는 종이 자르기를 넘어서서 아이가 즐기면서도 더 깊이 있게 몰입할 수 있는 의미 있는 경험이 됩니다.

이런 과정을 통해 아이는 자신이 좋아하는 활동에 더욱 깊이 몰입하게 되고, 그 안에서 자연스럽게 다양한 학습과 발달이 이루어지게 됩니다.

4단계 | 앉아서 집중하는 시간 조금씩 늘리기

집중력 발달의 마지막 단계는 앉아서 집중하는 시간을 점진적으로 늘려가는 것입니다. 다만 우리가 생각하는 것보다 아이들의 집중 가능 시간이 훨씬 짧다는 사실을 감안해야 합니다.

아이들의 발달 단계별 집중 시간을 살펴보면, 영아기에는 겨우 몇 초에서 시작하여 길어야 5분 정도입니다. 유아기가 되어야 비로소 5분 이상 한 가지 활동에 집중할 수 있게 되는데 이마저도 아이가 흥미를 느낄 때에만 가능합니다.

이는 영유아기 아이들의 자연스러운 특성입니다. 이 시기의 아이들은 주변 환경에 따라 관심이 순식간에 전환될 수 있습니다. 물론 나이가 들수록 집중 시간은 점차 늘어나지만 여전히 특정 활동에 대한 관심도에 따라 큰 차이를 보입니다.

따라서 아이를 무조건 책상에 앉혀 놓고 집중하기를 강요하는 것은 바람직하지 않습니다. 대신 아이가 좋아하는 활동을 통해 자연스럽게 몰입하고 집중하는 경험을 쌓게 해 주어야 합니다. 이런 과정을 통해 아이는 집중할 수 있는 내면의 힘을 키우게 되고, 결과적으로 본격적인 학습이 시작되는 시기가 되었을 때 책상에 앉아 공부할 수 있는 집중력을 발휘할 수 있게 됩니다.

거부감 없이 한글 가르치는 방법

유치원 입학 시기가 되면 많은 부모들이 자녀의 교육, 특히 한글 교육에 대해 고민하기 시작하지요. '이제 이름은 쓸 수 있어야 하지 않을까?', '다른 아이들은 벌써 글자를 읽는다는데, 우리 아이도 글자와 숫자를 가르쳐야 하나?' 이런 생각들이 머릿속을 맴돕니다.

하지만 부모의 조급한 마음과 달리 아이들이 유치원에 간다고 해서 갑자기 "엄마, 나 이제 글자 공부를 해야겠어."라고 하지는 않습니다. 게다가 아직 준비가 되지 않은 아이를 무작정 앉혀 두고 한글을 가르치려 든다면 자칫 학습 자체에 대한 거부감이 생길 수 있습니다.

특히 우려되는 것은 '학습'이라는 첫 경험이 부정적으로 각인되는 것입니다. '공부는 재미없어.', '하기 싫어.'라는 인식이 자리 잡게 되면 앞으로 이어질 초등학교 6년, 중학교 3년, 고등학교 3년이라는 긴 여정이 마치 어두운 터널처럼 느껴질 수 있습니다.

따라서 가장 중요한 것은 학습의 첫 출발을 즐겁고 자신감 있게 시작하는 것입니다. 이것이 바로 우리가 한글 교육을 시작하기 전에 가슴에 새겨야 할 핵심 원칙입니다.

한글을 시작하는 시기

적절한 한글 교육의 시작 시기에 대해서는 많은 의견이 있지만, 대부분의 전문가들은 '아이가 한글에 관심을 보일 때'를 최적의 시기로 꼽습니다. 다만 이는 부모가 아이에게 한글에 대한 관심을 자연스럽게 가질 수 있는 환경을 제공한다는 것을 전제로 합니다.

오랜 시간 교육 현장에서 아이들을 관찰해 보면, 한글에 대한 관심이 싹트기 시작하는 여러 가지 신호들을 발견할 수 있습니다. 어떤 아이들은 쓰기 도구를 들고 종이에 끊임없이 끼적거리는 모습을 보입니다. 또 어떤 아이들은 "선생님, 이건 어떻게 읽어요?"라며 글자에 대한 적극적인 호기심을 표현하기도 하죠.

흔히 볼 수 있는 것은 자신의 이름이나 친구 이름에서 본 글자를 알아보는 행동입니다. "어! 내 이름이랑 같은 모양이 있어요. 내 이름 '하윤' 할 때 '하'잖아요."라고 말하는 식으로요. 비록 정확하게 글자를 인지하지는 못하더라도 글자에 대한 관심을 보이고 스스로 탐색하려는 모습을 보일 때가 바로 한글 교육을 시작하기에 가장 적합한 시기입니다.

이렇게 아이의 자연스러운 관심과 호기심을 출발점으로 삼을 때 한글 학습은 더욱 즐겁고 효과적으로 이루어질 수 있습니다. 이는 아이가 학습 자체에 대해 긍정적인 태도를 형성하게 하는 중요한 첫걸음이 될 것입니다.

한글 가르치는 방법(통글자 VS 자모식 학습법)

한글을 가르칠 때 부모님들이 가장 궁금해하는 것은 통글자(Whole Word Approach) 방식으로 할지, 또는 자모식(Phonics

Approach)으로 할지입니다. 이 두 가지 접근법의 특징을 자세히 살펴보겠습니다.

먼저 통글자 접근법은 '나비', '아기'와 같이 단어 전체를 통으로 인식하고 반복적으로 접하면서 자연스럽게 익히는 방식입니다. 이 방법의 가장 큰 장점은 아이가 의미 있는 낱말을 먼저 배우기 때문에 학습에 대한 흥미와 동기를 높일 수 있다는 것입니다.

반면 자모식 접근법은 한글의 기본 자음과 모음의 소리를 먼저 가르친 후, 이들을 결합하여 글자를 만드는 과정을 배우는 방식입니다. 예를 들어 'ㄱ'의 소리와 'ㅏ'의 소리를 각각 배운 후에 이를 결합하여 '가'를 읽는 식입니다. 이 방법은 한글의 구조적 원리를 이해하는 데 도움이 된다는 장점이 있습니다.

그렇다면 어떤 방식을 선택해야 할까요? 이는 아이의 현재 연령과 발달 수준에 따라 결정해야 합니다. 실제로 어느 정도 시기가 되면 두 가지 접근법을 균형 있게 활용하는 것도 가능합니다.

하지만 오랜 교사 경험을 통해 아이들을 관찰하고 다양한 교수법을 연구한 결과, 저는 한글을 처음 시작할 때 통글자식 학습법을 추천합니다. 아이들이 의미 있는 단어를 통해 자연스럽게 한글에 흥미를 가지고 접근할 수 있기 때문입니다.

아이들이 한글을 처음 접하고 터득하는 과정은 매우 자연스럽게 이루어집니다. 특히 본격적인 학습 이전에는 일상에서 자주 보는 글자들을 통해 자연스럽게 글자의 모양과 의미를 인식하게 되지요.

아이들이 가장 먼저 관심을 보이는 글자는 자신의 이름입니다. 그 다음으로는 많은 사람들이 생각하는 것처럼 '가나다' 같은 기초 글자가 아닌, 친구들의 이름입니다. 이는 어린이집이나 유치원의 일상 환경과 깊은 관련이 있습니다. 신발장, 서랍장, 책상, 양치컵, 칫솔, 낮잠이불 등 모든 곳에 친구들의 얼굴 사진과 이름이 함께 붙어 있기 때문입니다. 아직 한글을 배우지 않았고 읽을 줄도 모르지만 아이들은 이런 통글자의 모양만 보고도 누구의 것인지 정확히 구분하게 됩니다.

이때의 인식은 한글의 원리를 이해하는 수준이 아닌, '그림'처럼 글자를 기억하는 것에 가깝습니다. 예를 들어 좋아하는 캐릭터의 이름은 통글자로 읽을 수 있지만 같은 글자가 다른 낱말에 있으면 읽지 못하는 것이 바로 이 때문입니다.

따라서 처음에는 아이가 관심을 보이는 글자 모양과 낱말에 초점을 맞춰 한글놀이를 시작하는 것이 좋습니다. 그러다가 아이마다 시기는 다르지만, 어느 순간 자음과 모음의 소리, 그리고 '자음+모음+받침'의 조합 원리에 관심을 보이기 시작합니다.

예를 들어, '가', '아', '하'의 입 모양이 같다는 것을 발견하고 이들 글자에 공통적으로 'ㅏ' 모음이 있다는 것을 인식하게 됩니다. 또한 '엄마'나 '매미'처럼 'ㅁ' 자음이 들어간 글자를 발음할 때 입술과 입술이 붙었다 떨어지는 규칙을 스스로 발견하기도 합니다.

우리의 역할은 아이들이 이러한 한글의 원리를 즐겁게 발견할 수 있도록 돕는 촉진자가 되는 것입니다. 아이의 자연스러운 관심과 호기심을 바탕으로 한글 학습이 즐거운 탐구의 과정이 될 수 있도록 지원해 주세요.

한글을 가르치는 방법 요약

- **1단계 |** 자기 이름, 친구 이름, 가족 이름, 좋아하는 캐릭터 등 주변에서 자주 접하는 통글자 또는 흥미를 가지는 관심사와 관련된 통글자를 노출해 주세요.
- **2단계 |** 알파벳의 글자와 소리를 가르치는 '파닉스' 학습법처럼 자음과 모음의 모양과 소리에 관심 가질 수 있도록 즐겁게 노출하며 규칙성을 찾아 보세요.

• **3단계 |** 놀이, 노래, 그림책 읽기 등 즐거운 활동을 통해 통글자 및 자모식 학습의 균형을 잡아 가면서 읽기와 쓰기를 병행해 주세요.

단, 아이가 한글을 처음 접하는 시기가 유아기 초기가 아닌 초등학교 입학을 앞둔 시기라면 아이의 학습 스타일에 따라 자모식 접근법을 선택하는 것도 좋습니다. 이 시기는 인지 발달이 상당히 이루어진 단계이므로 자음과 모음 각각의 소리와 모양을 먼저 배우고 이를 결합하여 단어를 읽는 방식의 학습도 충분히 가능합니다.

하지만 자음과 모음을 가르칠 때도 '학습'이라는 딱딱한 인식보다는 즐거운 경험으로 다가갈 수 있도록 해야 합니다. 단순히 "이 모양 봐.", "엄마 입 봐.", "소리 들어 봐."라며 정보 전달에만 초점을 맞추면, 아이는 금세 "재미없어.", "하기 싫어.", "다른 거 하고 놀고 싶어."라는 반응을 보일 수 있습니다. 결국 한글 교육의 시작 방식은 시기와 아이의 특성에 따라 달라질 수 있지만 중요한 것은 아이가 즐겁게 배울 수 있는 환경을 만들어 주는 것입니다.

스스로 공부하는 아이로 키우는 다섯 가지 방법

① 학습을 할 수 있는 환경인지 점검하기

스스로 공부하는 아이로 키우기 위한 첫 번째 단계는 학습에 적합한 환경을 조성하는 것입니다. 많은 부모들이 좋은 학원, 인기 있는 학습지, 유명한 강사를 찾는 데 집중하곤 하는데요. 물론 아이에게 도움이 될 만한 정보를 찾고 좋은 경험을 제공하려는 노력은 나쁘지 않습니다. 하지만 이보다 더 중요한 것은 아이의 일상적인 생활 환경을 점검하는 것입니다. 아이가 생활하는 공간과 양육자의 태도가 학습하기에 적합한지, 아이가 주도적으로 선택하고 집중할 수 있는 환경이 마련되어 있는지를 먼저 살펴보아야 합니다.

이러한 환경 조성은 영유아기부터 시작되어야 합니다. 아이가 그림을 그리고 싶을 때, 만들기를 하고 싶을 때, 책을 보고 싶을 때, 글자를 쓰고 싶을 때 언제든 필요한 재료들을 스스로 꺼낼 수 있도록 손이 닿는 곳에 준비해 두는 것이 중요해요. 방이 깨끗하고 깔끔한 것보다는 아이가 자유롭게 사용할 수 있는 환경을 만드는 것이 더 좋습니다.

특히 아직 자기조절력이 충분히 발달하지 않은 시기에는 아이의 행동을 직접적으로 통제하기보다 환경을 통제하는 것이 더 효과적입니다. 예를 들어, 스마트폰 게임에 빠진 아이에게 "게임은 안 된다고 했지."라며 보이는 곳에 두고 통제하려 하기보다는, 스마트폰을 아예 보이지 않는 곳에 치우고 부모도 되도록 사용하는 모습을 보이지 않는 것이 더 바람직합니다.

이처럼 아이의 발달 단계에 맞는 적절한 환경을 조성해 주는 것이 자기주도적 학습의 첫걸음이 됩니다. 이는 아이가 스스로 학습하는 즐거움을 발견하고 그것을 지속할 수 있는 기반이 될 것입니다.

민주쌤의 육아 브이로그
* 환경 조성 방법

② 강점을 알고 지지해 주기

누구나 잘하는 것이 있는 반면 좀 부족한 것도 있기 마련이죠. 특히 영유아기는 개인마다 발달 속도가 달라 어떤 영역에서 또래보다 빠르게 성장하더라도 다른 영역에서는 더디게 발전할 수 있습니다. 이러한 차이는 자연스러운 것이지만 부모가 어떻게 하느냐에 따라 아이가 이를 받아들이는 방식이 달라질 수 있습니다.

학교에 입학하면 시험 결과가 성적으로 나타나면서 아이들은 자연스럽게 평가를 받게 됩니다. 많은 부모님은 아이가 더 잘했으면 하는 마음에 "몇 개 틀렸어? 그 문제는 왜 틀렸어?"라며 틀린 문제에 초점을 맞추곤 합니다. 물론 틀린 문제를 다시 검토하고 제대로 이해하고 넘어가는 것은 중요합니다. 그러나 그보다 우선적으로 해야 할 일은 아이가 잘한 점을 발견하고 노력했던 과정과 목표를 이뤄낸 성취를 인정하며 격려하는 것입니다.

예를 들어, 아이가 시험에서 80점을 받았을 때, "틀린 문제는 왜 틀렸는지 보자."라고 시작하기보다는, "이번 시험에서 네가 목표했던 점수를 넘겼구나! 특히 어려운 문제를 풀려고 노력했던 모습이 정말 대단했어."라고 먼저 긍정적으로 평가해 주세요. 이를 통해 아이는 자신의 강점과 성취를 자각하며 자기 자신에 대한 긍정적인 감정을 쌓아 갈 수 있습니다.

강점을 인식하고 지지받는 경험은 아이의 자존감을 높이는 데 중요한 역할을 합니다. 자존감이 높은 아이는 자신의 약점도 성장의 기회로 받아들이며 더 큰 자신감을 가지고 도전할 수 있습니다.

③ 스스로 계획하고 실행하는 능력 키워 주기

스스로 계획하고 실행하는 과정은 결국 습관입니다. 계획하는 것이 습관이 되어 있지 않다면 실행하는 것은 더더욱 불가능하겠죠. 따라서 영유아기부터 작은 것들을 계획하고 실행하는 습관을 형성하는 것이 중요합니다.

세 살부터도 외출 후 외투를 정리하고 신발을 가지런히 놓으며 어린이집 가방을 제자리에 두는 간단한 작업을 할 수 있습니다. 이러한 작은 활동들을 아이와 함께 약속으로 정하고 실천해 보세요. 연령이 높아짐에 따라 놀이 후 장난감을 정리하거나 식사 후 그릇을 정리하는 활동, 자고 일어난 후 이불을 정돈하는 습관 등으로 점차 확대해 갈 수 있습니다. 아이는 이러한 작은 계획을 실천하며 성취감을 느끼게 됩니다.

학령기에 접어든 아이들에게도 구체적인 피드백과 과정을 중시하는 대화가 필요합니다. 단순히 "열심히 공부했니?", "얼마나 집중했어?"라고 묻는 대신, "계획했던 만큼 잘 진행되고 있니?"라고 물으며 과정에 초점을 맞춰 보세요. 이를 통해 아이는 자신의 노력을 평가하고 조정하는 법을 배웁니다.

문제집 한 권을 학습할 때도 엄마가 목표를 정해 주기보다는 아이와 함께 목차를 살펴보고 이야기하며 계획을 세워 보세요. 이 과정에서 아이는 자신의 학습 목표를 스스로 설정하고, 그 목표를 달성했을 때 더 큰 성취감을 느낄 수 있습니다. 이러한 경험은 아이가 자기 주도적으로 행동하는 데 중요한 밑거름이 됩니다.

습관은 하루아침에 만들어지지 않습니다. 하지만 부모가

아이와 함께 작은 성취를 쌓아 가며 꾸준히 실천한다면 아이는 계획과 실행의 중요성을 체득하고 자기 자신에 대한 믿음과 책임감을 키워 나가게 됩니다. 생활습관 형성에 대해서는 뒤에서 더 자세히 다룰게요.

④ 안정적이고 긍정적인 정서 길러 주기

아이들은 아직 자신이 느끼는 감정을 정확히 인지하거나 표현하는 능력이 부족합니다. 따라서 불안감이나 스트레스를 받을 때 공격적인 행동을 보이거나, 우울한 감정을 드러내거나, 집중력 저하나 학습 장애와 같은 문제 행동을 보일 수 있습니다. 그래서 아이가 공부나 놀이에 몰입하려면 무엇보다 안정적이고 편안한 정서가 필요합니다.

살다 보면 실패나 좌절을 경험하지 않을 수 없습니다. 특히 공부나 생활 속에서 기대했던 결과를 얻지 못하거나 친구와 비교했을 때 자신의 성적이 만족스럽지 못할 때 아이들은 실망과 좌절을 느낄 수 있습니다. 이런 시련을 극복하고 다시 일어서는 능력을 '회복탄력성'이라고 합니다. 어떤 아이는 "다음에는 더 잘하면 되지. 이번에는 이 부분이 부족했으니 보완해 보자."라며 스스로를 다독이지만, 자존감이 낮은 아이들은 같은 상황에서 깊은 좌절감을 느끼고 심지어 우울감에 빠질 수도 있습니다.

회복탄력성을 키우기 위해서는 아이가 안정적이고 긍정적인 정서를 가질 수 있도록 도와야 합니다. 영유아 시기부터 아이의 감정을 이해하고 지지하며 이를 표현할 수 있는 환경을 만들어 주세요. 안정적이고 긍정적인 정서는 아이가 건강하게 성장하고 삶의 도전 앞에서 스스로 극복해 나가는 힘을 만들어 줍니다.

⑤ 스마트 기기 잘 활용하기

스마트 기기는 현대 교육과 생활에서 꼭 필요한 도구이지만, 잘못 사용하면 학습 방해와 집중력 저하, 심지어 중독으로 이어질 수 있는 양날의 검과 같은 존재입니다. 게다가 디지털 교과서 도입과 PC를 활용한 비대면 수업 등 교육 패러다임이 급격히 변화하면서 스마트 기기를 완전히 차단할 수 없는 현실에 놓여 있습니다.

이런 상황에서 중요한 것은 스마트 기기의 사용을 어떻게 관리하고, 아이들에게 어떤 태도로 접근하게 할지에 대한 올바른 인식을 갖는 것입니다. 영유아 시기부터 미디어나 스마트 기기 노출에 대한 부모의 태도가 아이의 전반적인 발달에 큰 영향을 미칩니다.

일상적으로 부모는 집안일을 하며 아이에게 스마트폰이나 텔레비전을 보여 주는 경우가 많습니다. 그러나 자기조절 능력이 부족한 아이들은 이 미디어에 경계심 없이 익숙해지고, 결국 습관적으로 사용하게 되면서 중독에 빠질 위험이 있습니다. 또한 일방향적이고 자극적인 미디어는 다양한 발달 활동을 제한하며 아이가 경험할 수 있는 기회를 줄어들게 합니다.

무엇보다 아이들은 신체 발달이 중요하므로, 스마트 기기 대신 몸을 충분히 움직이는 활동을 우선시해야 합니다. 공놀이, 블록 쌓기, 달리기 등 다양한 신체활동을 통해 에너지를 발산하고 신체 조정 능력을 키워 주는 것이 필요합니다.

또한 언어 발달은 부모와 아이가 직접 눈을 맞추고 대화하는 시간에 이루어진다는 것을 유념해야 합니다. 스마트 기기를 통한 간접적인 언어 자극보다는 부모의 목소리와 표정을 보며 단어와 문장을 배우는 것이 훨씬 효과적입니다. 하루 일정 시간 동안이라도 아이와 대화를 나누고 책을 함께 읽는 시간을 꼭 확보하세요.

또한 아이들이 타인과 교감하며 정서적 안정과 공감 능력을 키우는 시간은 스마트 기기로는 대체할 수 없습니다. 아이들은 놀이를 통해 친구들과 어울리거나 부모와 함께 시간을 보내는 과정에서 타인의 감정을 이해하고 스스로 표현하는 방법을 배우게 되니까요.

그렇다면 스마트 기기를 어떻게 활용해야 할까요? 스마트 기기를 아이에게 노출하기 시작할 때는 그 목적과 사용 방식을 분명히 정하는 것이 중요합니다. 아이가 “왜요?”, “이건 뭐예요?”, “저건 뭔가요?”라는 질문을 쏟아낼 때, 부모가 모든 답을 알려주기보다는 아이 스스로 스마트 기기를 활용해 답을 찾아보도록 유도해 보세요. 이를 통해 아이는 문제를 해결하는 능력과 탐구심을 키울 수 있습니다.

스마트 기기를 활용하면 아이는 궁금한 점을 해결하기 위해 책과 함께 더 질적인 정보를 탐색할 수 있습니다. 특히 직접 경험할 수 없는 것들은 시청각 자료를 통해 생동감 있는 간접 경험으로 대체할 수 있어요. 예를 들어, 공룡의 세계를 탐험하거나 우주 여행을 상상하며 스마트 기기의 영상을 활용한다면 학습이 재미있고 풍부한 경험으로 다가올 수 있겠지요. 이처럼 교육용 앱이나 프로그램은 학습의 직접적인 도구가 될 수 있습니다.

다만, 이를 잘 활용하려면 몇 가지 중요한 관리가 필요합니다. 일단 스마트 기기의 사용 시간을 명확히 정하고 그 규칙을 부모와 아이가 함께 이해하고 실천해야 합니다. 예를 들어, 하루에 정해진 시간 동안만 사용하거나, 특정한 시간대에만 접근 가능하도록 관리하세요. 또한 자극적이거나 오락 위주의 콘텐츠 대신 교육적이고 창의적인 콘텐츠를 선택할 수 있도록 도와주세요.

★ 민주쌤의 현실 밀착 육아코칭 ★

Q 아이가 늘 심심해해요. 뭘 해 줘야 할까요?

"엄마 심심해.", "엄마 재미없어.", "엄마 놀아줘."라는 말을 달고 사는 아이들이 있죠. 일단 아이가 심심함을 느끼는 것을 너무 두려워하지 않으셔도 됩니다. 앞서 놀이성을 키워주는 방법에 대해 알려드렸던 것처럼 즐겁게 탐색할 수 있는 환경과 아이 수준에 적합한 놀잇감을 비치해 두었다면 아이가 심심해 할 때 늘 놀아 줘야 한다는 압박감은 내려놓으세요. 또한 징징거리는 소리가 듣기 싫어서 영상을 켜 주는 것도 멈추셔야 합니다. 심심할 때마다 영상을 보면서 달랜 아이들은 결국 심심하면 영상을 찾게 될 겁니다. 아이들은 본능적으로 심심함을 느끼면 스스로 놀거리를 찾습니다. 그 과정에서 엄마가 조금씩 모델링을 보여주거나 동기부여를 해 주는 정도로 도움을 줄 수 있고요. 심심함을 느끼는 그 순간부터 창의력이 발달하기 시작한다는 말도 있듯이 그 시간도 아이에게는 필요한 순간입니다.

Q 앉아 있질 못해요. 이래서야 학습이 될까요?

아이마다 타고나는 기질이 있고 각기 다른 강점과 지능 유형이 있습니다. 특히 영유아는 학습과 관련한 경험이나 발달이 미숙한 상태이기 때문에 아이가 가진 능력이나 발달의 양상과 흥미를 고려해서 학습의 유형을 선택하는 것이 좋습니다. 만약 신체운동지능을 타고난 아이라면 신체를 능숙하게 사용하고 운동 능력이 뛰어나며 활동성도 높은 대신 가만히 앉아서 학습하는 것은 힘들 수 있어요. 이런 아이들은 정적인 학습보다는 신체 게임을 통해 한글과 수, 영어 등을 가르쳐 학습에 대한 즐거움을 느끼는 것이 효과적인 경우도 많습니다.
이처럼 모든 아이를 같은 방식으로 가르치려 하기보다는 각 아이에게 가장 잘 맞는 방식을 찾아 적용하는 것이 효과적인 학습의 시작점이 될 수 있어요.

Q 좋아하는 것만 하려는 아이, 어떡하죠?

좋아하는 것만 하려는 것은 어찌 보면 당연한 거죠. 특히 아이들은 하기 싫은 것, 관심 없는 것, 재미없는 것을 참고 견디고 해내는 힘이 부족하니까요. 관심을 확장해 가는 방법은 아이가 좋아하는 것에서

부터 출발하는 겁니다. 예를 들어, 자동차만 좋아하는 아이들은 늘 자동차 줄 세우고, 굴리는 놀이만 즐기기 때문에 다른 미술 놀이나 수놀이, 한글 놀이를 경험시키는 것이 어렵죠.
하지만 자동차라는 소재를 활용해 다양한 학습활동으로 연결할 수 있습니다. 물감 놀이를 할 때 붓 대신에 자동차를 사용해 보세요. 트레이에 물감을 짜서 자동차를 굴리면 바퀴에 물감이 묻고, 종이에 물감 묻은 자동차를 굴리면 바퀴 그림을 그릴 수 있어요. 자동차마다 바퀴의 모양도 크기도 무늬도 다르기 때문에 평소 즐기지 않던 미술 놀이도 좋아하는 자동차로 충분히 즐길 수 있을 겁니다.
수놀이도 마찬가지입니다. 자동차 번호판을 만들거나 주차장 번호를 만들어 붙여서 숫자 찾기를 하거나 자동차 그림을 잘라 퍼즐 맞추기를 하면서 수학적 탐구력도 키워줄 수 있고요. 한글 학습도 마찬가지입니다. 다양한 차종의 이름을 맞추거나 써 보는 활동을 통해 자연스럽게 글자에 관심을 가지게 할 수 있습니다. 이처럼 아이가 좋아하는 소재를 중심으로 다양한 활동을 연계하면 평소 관심을 보이지 않던 영역의 학습도 즐겁게 이끌어 낼 수 있습니다.

◆

관심을 확장해 가는 방법은 아이가 좋아하는 것에서부터 출발하는 거예요. 아이가 자동차를 좋아한다면 물감 놀이를 할 때 붓 대신에 자동차를 사용해 보세요. 자동차마다 바퀴의 모양도 크기도 무늬도 다르기 때문에 평소 즐기지 않던 미술놀이도 좋아하는 자동차로 충분히 즐길 수 있을 겁니다.

5

생활습관이 아이의 평생을 만든다

기본생활습관 가르치기 - "세 살 버릇 여든까지 간다."

5세반 교사를 할 때 일입니다. 점심 식사나 간식을 먹기 전에 손을 씻으러 가면 세면대 물을 켜 놓고 흐르는 물에 손을 가만히 대고 있는 아이들이 몇몇 있습니다. 집에서는 손만 대고 있으면 비누칠에 헹굼까지 해 주는 부모가 있었던 거죠. 간식 시간에도 마찬가지입니다. 간식으로 귤이나 바나나가 제공되면 과일의 껍질을 깔 줄 몰라서 선생님이 까 주기를 기다리는 아이들이 생각보다 많았습니다. 또 바깥놀이를 나갈 때 신발장에서 신발을 꺼내 놓고도 두 다리를 뻗고 신겨주기만 기다리는 아이들도 있었어요. 모두 생활습관을 스스로 익히는 연습이 부족했기 때문에 비롯된 일들이지요.

그렇다면 올바른 생활습관은 언제부터 가르쳐야 할까요? 기본생활습관은 그야말로 건강과 직결되는 영역이지요. "세 살 버릇 여든까지 간다."는 우리 속담이 있듯이 아이가 세 살이 되면 기본적인 생활습관들을 하나둘씩 실천해 나가도록 해야 합니다.

특히 주목해야 할 시기는 자아가 강해지기 시작하는 두 돌 전후입니다. 이때는 아이의 욕구가 이전보다 훨씬 다양해져서 자신의 생각이나 감정을 더욱 구체적으로 표현하기 시작합니다. 많은 부모들이 이 시기를 가르치기 가장 힘든 때라고 생각하지요. 하지만 역설적으로 이때가 바로 습관 형성의 '황금기'입니다.

어떤 행동이 습관으로 자리 잡아 몸에 배는 것도 쉽지 않은 일이지만 한번 잘못 형성된 습관을 바른 습관으로 고치는 것은 훨씬 더 어렵고 몇 배나 더 많은 시간과 노력이 필요합니다.

따라서 아이가 옳고 그름을 판단하지 못한 채 하면 안 되는 것을 고집하거나, 반대로 꼭 해야 할 것을 거부할 때가 바로 올바른 기준을 가르칠 수 있는 최적의 시기가 됩니다. 비록 시간이 더 걸리고 번거롭더라도 아이가 혼자 할 수 있는 것들은 반드시 스스로 하도록 기회를 주세요.

연령별 생활습관 만들기

한두 번 가르치거나 보여 주는 것으로 아이가 생활습관을 잘 실천할 것이라 기대하기란 어렵습니다. 습관이란 일상에서 매일 반복되는 루틴을 통해 자연스럽게 몸에 배는 것이기 때문에 가족 구성원 모두가 매일 꾸준히 실천하는 것이 무엇보다 중요합니다.

또한 습관을 형성할 때는 아이의 발달 수준을 세심하게 고려해야 합니다. 너무 많은 요구나 과제가 한꺼번에 주어지면 아이들은 부담을 느끼고 쉽게 포기할 수 있기 때문입니다. 아이가 "어렵지 않네?", "해내고 나니 기분이 좋구나!" 하며 성취감을 느낄 수 있도록 과제의 수준을 적절히 조절해 주는 것이 필요합니다.

예를 들어, 놀이 후의 정리정돈은 모든 아이들이 배워야 할 중요한 생활습관입니다. 하지만 세 살 아이와 일곱 살 아이가 정리정돈을 할 수 있는 수준은 매우 다릅니다. 그런데도 두 아이에게 "자기가 놀이한 것은 스스로 정리정돈 하는 거야."라는 동일한 과제를 던져주는 것은 바람직하지 않아요. 다음과 같이 단계별로 시도해 보세요.

1단계 | 놀이 후에는 정리정돈을 해야 함을 인식하기

24개월 전후를 습관을 형성하는 1단계로 본다면, 정리시간이 되었을 때 "놀이가 끝났으니 정리하자."라고 이야기한 후 부모가 놀잇감을 정리하는 모습을 보여 줍니다. 아이가 자연스럽게 '정리정돈'에 대해 인식하여 정리정돈에 참여할 수 있는 정도의 수준이면 충분합니다.

2단계 | 가지고 놀았던 놀잇감 제자리에 정리해 보기

36개월 전후가 되었을 때를 2단계로 본다면, 놀이 후 정리시간을 알고 있기 때문에 놀았던 놀잇감을 스스로 제자리에 정리정돈 하도록 습관을 형성해 줄 수 있습니다. 이때 정리정돈 노래를 켜 주거나 함께 부르면서 놀이시간과 정리시간의 경계를 명확하게 해 주는 것이 좋아요. 다만, 너무 많은 놀잇감을 깨끗하게 정리하는 것은 아직 아이에게 어려운 과제이기 때문에 무력감을 줄 수 있으므로 정리 시간이 되기 전에 가지고 놀지 않는 놀잇감은 미리 정리를 해 준다거나 정리할 놀잇감의 개수를 정해 주는 등 도움을 주어야 합니다.

3단계 | 놀이가 끝난 후 스스로 정리정돈 하기

만 5세 이상이 되면 아이들은 놀이가 끝난 후 스스로 정리정돈을 시도해 볼 수 있는 단계에 접어듭니다. 하지만 여전히 한꺼번에 많은 양을 정리하는 것은 어려울 수 있으므로 놀이가 바뀔 때마다 중간중간 정리하도록 안내하는 것이 효과적입니다. 또한 정리할 것이 많아 부담될 때는 "엄마, 도와주세요."라고 요청할 수 있다는 것도 알려 주어야 합니다. 이때도 정리정돈의 주체는 항상 아이 자신이라는 점은 변함이 없어야 하고 부모는 칭찬과 격려로 동기를 부여해 주어야 합니다.

이러한 단계적 접근은 정리정돈뿐만 아니라 다른 생활습관을 형성할 때도 동일하게 적용할 수 있습니다. 이때 칭찬스티커와 같은 적절한 수준의 보상은 긍정적인 행동을 강화하는 데 도움이 될 수 있습니다. 중요한 것은 아이의 발달 수준에 맞는 적절한 과제를 제시하고 꾸준한 실천을 통해 자연스럽게 습관이 형성되도록 하는 것입니다.

민주쌤의
육아 브이로그
✱ 생활습관 교육

자조능력 키우기

아이가 좋은 습관을 형성하고 스스로 실천하기 위해서는 '자조기술'을 갖추어야 합니다. 이 두 영역은 떼려야 뗄 수 없는 밀접한 관계에 있습니다.

자조기술이란 독립적인 일상생활을 영위하는 데 필요한 기본적인 능력을 말하는데, 여기에는 식사하기, 대소변 처리하기, 옷 입고 벗기, 목욕하기, 몸단장하기 등이 포함됩니다. 이러한 기술들은 단순한 개별 활동이 아니라 운동성, 감각, 인지, 언어, 사회성 등 다양한 기능들이 통합적으로 작용하는 복합적인 능력이며, 이후의 대인 관계와 사회 활동의 중요한 토대가 됩니다.(《특수교육학 용어사전》2009, 국립특수교육원)

따라서 기본 생활습관을 형성할 때는 단순히 아이를 건강하고 안전하게 보호하는 것을 넘어서 더 큰 목표를 가져야 합니다. 부모가 모든 것을 해결해 주는 것이 아니라 아이 스스로 자신의 청결과 건강, 안전을 지킬 수 있다는 인식을 심어주고 필요한 자조기술을 키워 주어야 합니다. 이것이 바로 아이의 진정한 자립심을 키우는 열쇠가 됩니다.

★ 민주쌤의 현실 밀착 육아코칭 ★

Q 양치나 씻는 것을 거부할 때 억지로 잡고 해도 되나요?

많은 부모들이 양치나 목욕을 거부하는 아이를 대할 때 그 마음을 공감해 주어야 할지, 아니면 억지로라도 해야 하는지 고민합니다. 하지만 건강과 안전에 관련된 영역이라면 타협의 여지가 없어야 합니다. 양치는 속상하다고 하지 않아도 되는 것이 아니죠. 목욕도 하기 싫은 날이라고 해서 건너뛸 수 있는 것이 아닙니다. 카시트 착용을 거부하거나 위험한 행동을 하겠다고 할 때도 마찬가지입니다.

이런 상황에서 부모들이 흔히 하는 실수는 아이를 설득하려는 과정에서 모호한 메시지를 전달하는 것입니다. "너 진짜 양치 안 할 거야? 벌레 생기는데도 안 할 거야? 그래, 하기 싫으면 하지 마. 나중에 치과 가서 주사 맞을 거지?"와 같은 말은 오히려 아이에게 혼란을 줄 수 있습니다. 이런 말들은 마치 양치가 선택 가능한 것처럼 들리게 만들기 때문입니다. "양치질은 하기 싫다고 해서 안 할 수 있는 게 아니야. 양치는 반드시 해야 하는 일이야."라고 명확하게 말해주는 것이 좋습니다. 이러한 분명한 메시지는 아이에게 확실한 기준을 제시해 주며 건강을 위해 반드시 해야 하는 일이 있다는 것을 이해하게 해 줍니다.

이때 중요한 것은 말과 행동의 일관성입니다. 한 번 정한 기준은 아이가 저항하더라도 흔들림 없이 지켜져야 합니다.

단, 감각이 예민한 아이에게는 이러한 일상적인 활동들이 더 큰 스트레스가 될 수 있습니다. 이런 경우에는 기본 원칙은 지키되 아이가 좀 더 편안하게 받아들일 수 있도록 환경을 조정해 주는 것이 도움이 될 수 있습니다. 예를 들어 양치를 할 때 아이의 눈높이에 작은 거울을 부착해 주면 칫솔이 입 안에 닿는 모습을 직접 볼 수 있어 불안감이 줄어들 수 있습니다. 아이를 붙잡고 억지로 씻길 때에도 "불편해? 씻고 나면 개운해질 거야. 괜찮아. 금방 끝내고 나가자. 잘하고 있어." 이렇게 아이 감정을 공감해 주고 응원해 주면서 실천해 보세요.

◆

아이가 양치를 거부한다면 "양치는 반드시 해야 하는 일이야."라고 명확하게 말해 주는 것이 좋습니다. 단, 감각이 예민한 아이에게는 좀 더 편안하게 받아들일 수 있도록 환경을 조정해 주세요. 예를 들어 아이의 눈높이에 작은 거울을 부착해 주면 칫솔이 입 안에 닿는 모습을 직접 볼 수 있어 불안감이 줄어들 수 있어요.

0~6세 연령별로 다른 식습관 교육법

타고나길 간식을 먹어도 밥 배가 따로 있는 애들이 있는 반면, 밥을 잘 안 먹고 간식을 주지 않아도 배고프다는 말을 하지 않는 아이들도 있습니다. 특히 잘 먹지 않는 아이를 둔 부모들은 매 끼니가 전쟁 같고 스트레스와 예민함으로 가득한 시간이 되곤 합니다. 그만큼 아이들에게 식사는 너무 중요하니까요.

그런데 먹는 것에 욕심이 없는 아이들에게 식습관 교육을 한답시고 매 끼니마다 스트레스를 주게 되면 자칫 식사 시간에 대한 거부감만 커질 수 있어요. 식습관 교육의 가장 중요한 목표는 '즐거운 마음으로 나에게 필요한 양만큼 스스로 먹을 수 있도록 하는 것'입니다. 그러기 위해서는 지금 당장 한 숟가락이라도 더 먹이겠다고 애쓰는 것보다는 어떻게 하면 아이에게 식사 시간이 즐거울 수 있을까를 먼저 고민해야 합니다.

단계별로 식습관 교육 방법을 차근차근 알아볼까요?

생후 6~10개월 영아기 식습관 교육 방법

생후 6~10개월의 영아기는 식습관 교육의 첫 단계입니다. 많은 부모들이 이 시기에 무슨 식습관 교육이 필요하냐고 생각할 수 있지만 이때야말로 건강한 식습관의 기초를 다지는 결정적인 시기입니다.

보통 생후 4~6개월 사이에 시작하는 초기 이유식은 아기가 모유나 분유에서 벗어나 처음으로 고형식을 경험하는 순간입니다. 이 시기에는 아이가 다양한 식재료를 직접 경험하고 탐색할 수 있는 기회를 충분히 제공하는 것이 매우 중요합니다. 예를 들어 감자, 무, 당근 등을 잇몸으로 으깰 수 있을 정도로 쪄서 스틱 형태로 제공하면 이가 없어도 전혀 문제 되지 않습니다.

스틱을 손에 들고 입에 넣었다가 캑캑거리는 아이를 보면서 놀라는 부모들도 많은데요. "캑캑", "우엑" 하는 반응은 목에 걸려 숨을 쉬지 못하는 것이 아니라 음식을 삼킬 때는 어느 정도 오물오물 씹고 어느 정도의 양으로 나눠 삼켜야 하는지 아이 스스로 경험을 통해 알아가는 과정입니다. 아직 음식을 씹어서 삼키는 것이 미숙한 아기들의 자연스러운 모습이기에 아이가 캑캑거릴 때는 놀라거나 흥분된 모습을 보이기보다는 안심시켜 주는 것이 좋습니다. "괜찮아~. 꼭꼭 씹어서 삼켜보자. 냠냠 쩝쩝." 하며 씹는 흉내를 내어 입모양을 보여 주는 것이 안전하고 바람직합니다.

특히 이때는 구강욕구가 강한 시기이기 때문에 뭐든지

◆

아이가 캑캑거릴 때는 놀라거나 흥분된 모습을 보이기보다는 안심시켜 주는 것이 좋습니다. "괜찮아~. 꼭꼭 씹어서 삼켜 보자. 냠냠 쩝쩝." 하며 씹는 흉내를 내어 입 모양을 모델링해 주시는 것이 훨씬 안전하고 바람직합니다.

입으로 가져가서 탐색하고 싶어 합니다. 따라서 이 시기가 많은 식재료를 접하고 스스로 탐색해 볼 수 있는 기회인 셈이죠. 제공한 음식물을 섭취하는 것보다는 눈으로 보고, 손으로 만지고, 코로 냄새 맡고, 입에 넣어 다양한 식감을 충분히 탐색할 수 있도록 하는 것이 중요해요. 뭐든 입으로 가져가서 빨고 싶어 하는 이 시기에 다양한 식재료를 충분히 경험하게 되면 아이는 자연스럽게 여러 가지 음식에 친숙해질 수 있습니다. 나중에 자아가 형성되어 입맛에 뚜렷한 호불호가 생기는 시기가 왔을 때, 이러한 초기의 풍부한 경험들은 다양한 음식과 식재료에 대한 거부감을 크게 줄여 주는 역할을 하게 됩니다.

생후 10~16개월 영아기 식습관 교육 방법

이 시기 식습관 교육에서 특히 중요한 것은 같은 재료라도 다양한 조리법으로 제공하여 여러 가지 식감과 맛을 느낄 수 있도록 하는 것입니다. 아이들의 입안 감각은 성인보다 약 세 배 이상으로 예민하다고 합니다. 특히 기질적으로 감각이 예민한 아이들은 사소한 조리법의 차이에도 민감하게 반응합니다. 예를 들어, 같은 소고기 밥볼도 핏물을 제거했는지 여부에 따라 뱉어내기도 하고 잘 먹기도 합니다. 감자 역시 쪄서 주느냐 구워서 주느냐에 따라 전혀 다른 반응을 보일 수 있습니다.

시기는 조금씩 차이가 있지만 돌 전후가 되면 이유식을 거부하는 아이들이 있습니다. 저희 아이도 후기 이유식에 들어갈 무렵, 몸을 뻗대며 의자에 앉는 것부터 거부하고 이유식을 떠서 먹여 주려고 하며 입을 꾹 다물고 고개를 휙 돌리기 시작했어요. 그래서 생후 9~10개월부터는 세 끼니 식사와 간식을 식판에 세팅하여 자기주도식을 시작했어요. 그랬더니 놀랍게도 먹여 줄 때는 거부하던 아이가 스스로 음식을 탐색하고 먹기 시작했습니다.

만약 완전한 자기주도식이 부담스럽다면 절충안도 있습니다. 식판에 아이가 좋아하는 야채스틱을 놓아 주고 이유식은 부모가 도와주는 방식으로 점진적인 자기주도식을 시도해 볼 수 있습니다. 그러면 적어도 앉거나 입을 벌리는 것부터 거부하지는 않아요.

많은 부모들이 "아이가 밥을 잘 안 먹어요.", "자기주도식을 했더니 음식을 먹지 않고 다 던져요."라고 고민합니다. 이때는 아이가 어떤 음식은 먹고 어떤 음식은 거부하는지 면밀히 관찰하면서 아이의 입맛을 알아가는 과정으로 생각해야 합니다. 다만 한두 번 제공해서 잘 먹지 않는다고 해서 바로 싫어하는 음식이라고 단정 짓는 것은 금물입니다. 때로는 단순히 낯선 음식이라 적응 기간이 필요한 것일 수 있으므로 여러 번 제공하면서 익숙해질 수 있는 기회를 주어야 합니다.

아이의 식사 취향을 파악하는 데에는 보통 두 돌에서 세 돌까지의 긴 시간이 필요합니다. 같은 식재료라도 다양한 방법으로 조리해 보고, 다른 재료들과 함께 섞어서 요리해 보는 등 여러 가지 방법을 시도하면서 아이가 어떤 음식을 좋아하는지, 어떤 식감을 선호하는지 꾸준히 탐색해 나가는 과정이 필요합니다.

민주쌤의 육아 브이로그
식습관 교육

생후 15~24개월 영아기 식습관 교육 방법

생후 15~24개월이 되면 아이들의 수용언어 능력이 발달하면서 중요한 변화가 일어납니다. 비록 모든 의미를 완벽하게 이해하지는 못하더라도 긍정과 부정의 의미는 구분할 수 있게 되죠. 이러한 발달 특성 덕분에 이 시기는 식사 시간과 놀이 시간을 구분하고 식사 도구 사용을 연습하기에 매우 적절한 시기가 됩니다.

이전까지는 아이가 음식을 손으로 만지고 주물럭거리며 탐색하는 것을 굳이 제지할 필요가 없었습니다. 그러나 이제는 조금씩 변화가 필요한 때입니다. 음식은 입으로 먹는 것에 집중하도록 유도하고 손으로 탐색하고 싶은 욕구는 별도의 놀이 시간을 통해 충족시켜 주어야 합니다. 예를 들어 다양한 촉감놀이를 통해 아이의 탐색 욕구를 충분히 채워 줄 수 있습니다.

식사 도구 사용법을 가르치는 것도 이 시기의 중요한 과제입니다. 앞서 신체발달 부분에서 설명했듯이 우선 일상에서 소근육 발달을 돕는 다양한 놀이 경험을 충분히 제공해야 합니다. 그리고 간식 시간에 포크와 같이 비교적 사용하기 쉬운 도구로 시작해서 성공 경험을 쌓은 후, 점차 식사 시간에도 도구 사용을 시도해 보세요.

이때 중요한 것은 아이가 아직 서툴더라도 항상 식사 도구를 제공해 주는 것입니다. 또한 가족이 함께 식사하면서 도구 사용의 올바른 모델이 되어주는 것도 매우 중요합니다. 아이들은 어른들의 모습을 보면서 자연스럽게 도구 사용법을 배우게 될 것입니다.

생후 24~48개월 영유아기 식습관 교육 방법

이제 아이가 본격적으로 식습관을 배우고 실천할 시기입니다. 이 시기에는 정해진 장소에서 규칙적으로 식사를 제공하며 식사 시간이 40~50분 이내에 마무리되도록 하는 것이 중요합니다. 아이에게 너무 많은 양을 제공하거나 과도한 부담을 주지 않도록 주의하세요. 특히 아이가 그만 먹겠다는 신호를 보낼 때, 어느 정도 식사가 진행되었다면 이를 존중하고 식사를 정리해 주는 것이 좋습니다. 억지로 더 먹이려는 시도는 아이에게 식사에 대한 거부감을 심어 줄 수 있습니다.

다만 식사량이 늘 부족하다고 느껴지더라도 식사를 마친 후 우유나 간식, 과일로 배를 채워 주는 습관은 지양해야 합니다. 이는 아이가 정규 식사를 통해 영양을 섭취해야 한다는 개념을 혼란스럽게 만들고 식사를 소홀히 하는 원인이 될 수 있습니다. 충분히 식사를 한 후 식후 디저트를 즐기는 것은 괜찮지만 식사가 부족하다는 이유로 간식을 대체하는 것은 좋지 않습니다. 이 부분은 뒤에서 좀 더 자세하게 다룰게요.

아이들에게 건강한 식습관을 자연스럽게 심어 주기 위해 그림책이나 놀이를 활용하는 것도 효과적입니다. 또한 최소 하루 한 끼는 가족과 함께 식사하는 시간을 가지는 것이 중요합니다. 이 시간을 통해 아이는 부모와 가족이 식사 중에 보여주는 올바른 태도를 관찰하고 배우게 됩니다.

생후 48개월 이후 유아기 식습관 교육 방법

원활하게 소통이 가능하고 자기 의사 표현과 감정 조절도 가능한 시기로, 보다 구체적인 건강교육과 영양교육을 진행할 수 있는 적절한 때입니다. 교육을 통해 아이가 자신의 식사에 대해 책임감을 가지며 식사에 대한 긍정적인 애착을 형성할 수 있도록 도와주세요.

우선 자기가 먹고 싶은 양만큼 스스로 결정할 수 있도록 하고 그만큼은 다 먹을 수 있도록 해 주세요. 과하지 않은 칭찬과 보상으로 성취감도 느낄 수 있도록 해야 합니다.

아이가 먹기 어려워하는 음식을 극복하도록 돕기 위해 그림이나 리스트를 활용하는 것도 효과적입니다. 아이가 도전할 음식을 그림으로 만들어 붙여 두고 성공한 날에는 스티커를 붙여 완성하는 방식으로 도전의 재미를 느낄 수 있도록 해 주세요. 이와 더불어 식재료를 활용한 꾸미기 활동이나 직접 식재료를 키우고 수확하는 경험도 아이의 음식에 대한 흥미를 높이는 데 도움이 됩니다. 예를 들어, 간단한 허브나 방울토마토를 함께 키워 보고, 수확한 재료로 요리를 만들어 먹는 활동은 아이에게 음식의 자라는 과정과 가치를 깨닫게 해 줄 수 있습니다.

또한 안전한 빵칼을 이용해 식재료를 직접 자르고 요리하는 경험 등을 제공해도 좋아요. 아이가 요리를 함께하며 음식을 준비하는 경험은 식사에 대한 흥미를 높이고 성취감을 느낄 수 있는 기회가 됩니다.

글자를 읽고 쓰기 시작하는 수준에 이르면 식사 준비 과정에 더 적극적으로 참여하도록 유도할 수 있습니다. 예를 들어, 엄마와 함께 요리 레시피를 작성하거나 식재료 구매 계획서를 만들어 보게 하세요. 또한 스마트 기기를 활용해 식재료의 효능을 검색하고 정보를 찾아보는 활동은 아이가 스스로 배움의 즐거움을 느낄 수 있는 기회를 제공합니다.

밥 먹일 때 부모가 하지 말아야 할 행동 다섯 가지

식습관은 매일 반복되는 일상에서 형성됩니다. 습관이라는 것은 한 번의 행동이 아니라, 일상의 루틴으로 자리 잡으며 만들어지지요. 따라서 올바른 식습관을 형성하기 위해 부모가 식사 시간에 보이는 행동은 매우 중요합니다. 잘못된 습관을 고치는 것이 처음부터 바르게 습관을 들이는 것보다 훨씬 어렵기 때문에 식사 시간에 하지 말아야 할 행동은 처음부터 피하는 것이 바람직합니다. 다음은 밥 먹일 때 부모가 절대 하지 말아야 할 다섯 가지 행동입니다.

① 따라다니면서 먹이지 말기

보통 돌 전후 쯤 식판식을 시작하지요. 돌 전후의 아이들은 신체 발달이 급격히 이루어지며 자유롭게 움직이고 활동하는 것에 큰 흥미를 느끼는 시기입니다. 깨어 있는 동안 잠시도 가만히 있지 않으려 하지요. 특히 식사 시간이나 수면 시간처럼 앉거나 누워 있어야 하는 상황에서는 더욱 움직이려는 경향이 강해집니다. 이런 아이들을 식탁에 앉혀 밥을 먹이려면 많은 인내심이 필요합니다. 하이체어를 사용하게 되면 이렇게 움직이고 돌아다니는 것을 어느 정도 예방할 수 있지만 아이가 하이체어를 거부하거나 좌식 테이블에서 돌아다니기 시작하면 부모는 밥그릇과 숟가락을 들고 아이를 따라다니며 먹이는 상황에 처할 수 있습니다.

아이에게 무언가 가르쳐야 할 것이 있을 때는 그 과정이 매우 중요합니다. 결과적으로 얼마나 걸릴지, 어느 정도 해낼 수 있을지는 아이 기질에 따라서 굉장히 다릅니다. 그런데 그 과정에서 일관되게 가야 할 방향을 제시해 준다면 시간이 걸리더라도 결국 스며들 듯 그 방향으로 자리를 잡게 되죠. 반대로 하지 말아야 할 행동에 장단을 맞춰 주게 된다면 잘못된 행동이 강화될 뿐 정작 배워야 할 것에 대해서는 배우지 못하게 되겠죠.

이렇게 얘기하면 "그러면 돌아다니는 아이는 밥을 치우고 굶겨야 하나요?"라고들 하는데 그건 아닙니다. "밥 먹을 땐 돌아다니면서 먹는 거 아니지. 여기가 식사하는 자리야. 앉아서 같이 먹자."라고 말하며 정해진 식사 자리에서 가족들이 식사를 하면서 아이가 식사 자리로 와서 밥을 먹을 수 있도록 유도해 주세요. 아직 습관이 형성되지 않은 아이들은 와서 앉는 것도 잠시뿐 또 엉덩이가 들썩이고 돌아다니기 마련입니다. 이는 자연스러운 시기적 특성으로 부모는 이때 인내심 있게 대해야 합니다. 아이가 움직일 때 따라다니며 먹이는 대신 정해진 식사 자리에서 식사를 끝까지 진행하세요. 부모가 아이를 따라다니며 먹인다면 아이는 자신의 행동이 잘못된 것임을 알지 못한 채 오히려 이 행동을 강화하게 됩니다.

아이에게 바른 식사 습관을 가르치려면 부모가 일관된 규칙을 제시하고 올바른 식사 태도를 보여 주어야 합니다. 부모가 식사 자리에서 차분히 식사하며 아이와 눈을 맞추고 대화하는 모습을 보이면 아이는 점차 이 환경과 행동에 익숙해지게 됩니다.

② 식사 전후 다른 간식 제공하지 않기

대체로 규칙을 잘 지키고 있음에도 아이가 식사에 대한 집중력이 떨어지거나 애착이 없고, 식사량이 적다면 아이가 먹는 간식을 꼭 체크해 보아야 합니다. 밥을 잘 먹는 아이들은 어떤 간식을 언제 먹든 크게 문제없습니다. 밥 배와 간식 배가 따로 있는 아이들이 있으니까요. 하지만 태어날 때부터 뱃구레가 작고 기질적으로 먹는 것에 큰 흥미가 없는 아이들은 간식을 제한해도 배고프다는 말을 잘 하지 않죠.

이런 아이들의 부모는 심리적으로 '뭐라도 좀 먹여 보자.'라는 마음이 굉장히 큽니다. 그래서 간식으로라도 배를 채워 주려고 하는데, 이 아이들은 태생적으로 먹는 것에 욕심도 흥미도 없고 뱃구레마저 작아요. 그런 아이에게 식사 전후 시간에 조금이라도 배를 채워 주게 되면 그만큼 먹일 수 있는 밥의 양은 더 줄어든다는 것을 명심해야 합니다. 식사량이 적어 걱정일 때는 식사 마친 후에 간식을 제공하는 것이 아니라 다음 식사 시간을 30분이나 1시간 정도 앞당겨 식사간격을 줄여 주세요. 밥 먹은 후에 양이 차지 않았을까봐 우유나 과일, 간식을 보충해 주는 것이 루틴이 되면 결국 아이가 밥 말고 간식을 기대하는 악순환이 반복될 것입니다.

③ 영상 보여 주며 떠먹이지 않기

부모가 아이에게 영상을 보여 주면서 먹이는 것은 대체로 '식사 시간의 전쟁을 피하고 한 숟가락이라도 더 먹이고 싶다.'는 마음에서 시작됩니다. 아이가 돌아다니거나 집중하지 못하는 경우 식사 시간이 길어지고 섭취량이 부족해지는 것을 염려한 나머지 영상을 활용해 아이의 시선을 끌며 밥을 먹이는 방법을 선택하는 것이지요. 영상에 집중한 아이는 숟가락이 오면 무의식적으로 입을 벌리며 밥을 받아먹지만 이 방식이 아이의 올바른 식습관 형성에는 큰 방해가 됩니다.

이런 상황이 반복되면 아이는 식사를 스스로 해야 하는 활동으로 인식하지 못하고 단순히 영상에 집중하며 부모의 도움으로 먹는 것을 당연하게 여깁니다. 심지어 아이가 영상에 너무 집중해서 씹는 행동을 멈출 때, 부모는 "씹어야지! 안 씹으면 영상 끌 거야."라는 식으로 압박을 하기도 합니다. 이러한 방식은 단기적으로 한 끼 식사를 해결하는 데 도움이 될 수는 있습니다. 하지만 이 아이들이 과연 밥을 잘 먹고 있는 걸까요?

영상 없이 식사 자리에 앉아 아이가 스스로 밥과 반찬을 골고루 먹을 수 있는지가 중요합니다. 이는 아이가 식사 습관을 형성하며 건강하게 성장할 수 있는지를 결정짓는 중요한 요소입니다. 또한 집 밖의 다른 공간에서도 스스로 식사를 잘 할 수 있는지도 중요합니다. 영상이 없는 환경에서 아이가 자립적으로 먹을 수 있는 능력이 없다면 이는 아이의 사회적 환경 적응과 건강에도 영향을 미칠 수 있습니다.

건강한 식사 습관을 형성한다는 것의 진정한 의미는 당장의 한 끼 식사에서 조금이라도 더 먹이는 것이 아닙니다. 아이가 자신의 신체가 필요로 하는 영양과 에너지를 공급할 수 있는 양만큼의 식사를 책임감을 가지고 부모의 도움 없이도 스스로 할 수 있는 능력을 키워주는 것입니다.

이러한 능력의 중요성은 아이가 초등학교에 입학하면서 더욱 분명해집니다. 어린이집에서는 교사가 옆에서 도와주고 먹여주기도 하지만, 학교 환경에서는 그런 개별적인 지원이 불가능합니다. 매 점심시간마다 선생님이 옆에서 떠먹여 줄 수는 없기 때문입니다. 이 시기에 건강한 식사 습관이 형성되어 있지 않은 아이들은 자신의 신체가 필요로 하는 적절한 양의 영양분을 섭취하지 못하는 상황이 반복될 수 있습니다. 실제로 1학년 하반기가 되면 일부 아이들에게서 체중 감소나 영양 결핍 증상이 나타나는 것을 종종 관찰할 수 있습니다. 따라서 늦어도 6~7세까지는 아이가 좋은 식사 습관을 형성할 수 있도록 해야 합니다.

④ 식사 시간은 40~50분을 넘기지 않기

식사 시간을 기다리고 좋아하는 아이들은 보통 30분 이내로 즐겁게 식사를 마칠 수 있습니다. 반면 식사가 힘든 아이들은 한 시간이 넘게 걸리기도 하죠. 이런 경우엔 밥을 다 먹이는 것을 목표로 하지 말고 식사 시간을 정한 후 그 시간 안에 아이가 식사할 수 있도록 하는 것을 목표로 잡아야 합니다. 식사에 관심이 없는 아이들은 식사 시간이 즐겁지 않은데 그 시간 자체가 너무 길면 식사 시간에 대한 부담이 생기고 더 부정적으로 인식할 수 있으므로 식습관을 형성해 감에 따라 식사량과 시간도 점차적으로 늘려 주는 것이 바람직합니다.

⑤ 모든 양육자가 일관된 환경과 태도 유지하기

앞의 식사 시간에 하지 말아야 할 부모 행동 네 가지를 잘 실천하고 있는데 한 달이 지나고 두 달이 지나도 아이의 식사 태도에 전혀 변화가 없다면, 양육자 간 일관된 환경과 태도가 유지되고 있는지를 점검해 보아야 합니다. 양육자 간에 일관된 규칙을 협의하는 것이 쉽지 않다는 건 알지만 의견이 일치되지 못해 결국 엄마, 아빠의 기준과 가르침이 전혀 다르고 허용의 범위가 다르다면 아이의 본질적인 행동은 수정되지 않아요. 따라서 아이에게 어떤 것을 가르치기 위해서는 앞서 알려드린 바와 같이 모든 양육자가 일관된 태도를 유지하는 것이 필수적입니다. 이를 위해 양육자들 간에 규칙을 명확히 정하고 서로의 기준을 조율하여 합의해야 해요. 일관된 환경에서 반복적으로 경험한 규칙은 아이에게 안정감을 주며 부모가 기대하는 바를 명확히 이해하도록 도와줍니다.

재우려는 엄마, 버티려는 아이를 위한 올바른 수면교육

'수면교육을 해야 하나? 말아야 하나?' 많이들 고민하시는데요. 아이마다 다릅니다. 앞서 기질에 대해 설명을 드렸는데 수면 교육 없이도 좀 순한 기질의 아이들은 잘 때가 되면 누워서 잘 잡니다. 그런데 좀 까다로운 기질을 타고난 아이들은 쉽게 잠들지 못하죠. 수면은 아이의 성장과 건강에 직결되는 문제이기 때문에 결국 수면이 힘든 아이들에게 수면교육은 필수입니다. 수면으로 매일 밤 전쟁을 치른다면, 지금부터 알려드리는 4단계를 실천해 보세요.

1단계 | 규칙적인 하루 일과 보내기

육아를 할 때 특히 힘든 이유가 식습관과 불규칙한 수면이 원인인 경우가 상당히 많습니다. 매일 규칙적인 하루 일과를 보내는 것은 육아에서 매우 중요한 포인트입니다. 물론 아이 개월수에 따라서 일과 시간은 조정해야 하고 간혹 아이 컨디션에 따라 변동이 있는 날도 있지만 대체로 기상 시간, 낮잠 시간, 밤잠 시간은 규칙적으로 맞춰 주는 것이 좋아요.

아이의 성장 단계에 따라 일과 시간과 수면 패턴은 달라지게 됩니다. 신생아기에는 먹고 자는 활동이 대부분이지만, 영아기에 접어들면 '먹고 놀고 자는' 패턴으로 변화합니다. 이 시기에 수면 시간이 크게 변동하는데요. 특히 아이가 두 돌 전후에 체력이 좋아지면서 낮잠 횟수가 줄어들게 됩니다. 예를 들어, 잠이 적은 아이는 낮잠을 거부하거나 한 번의 낮잠마저도 버티려는 모습을 보일 수 있습니다. 그러나 잠이 많은 아이는 여전히 하루 두 번 낮잠을 자기도 합니다.

유치원에 입학하면 낮잠이 사라지고 밤잠만으로 충분해지는 또 다른 변화가 나타납니다. 이런 변화가 자연스럽게 이루어지도록 부모가 아이의 수면 주기를 잘 관찰하고 적절히 조율해 주어야 합니다. 이렇게 아이의 성장과 환경 변화에 따라 수면 패턴을 유연하게 조정하는 것이 필요합니다.

간혹 늦게 자고 늦게 일어나는 패턴을 가진 아이들이 있습니다. 이런 경우 규칙적인 일과를 보낸다고 보기 어렵습니다. 늦게 자고 늦게 일어나면 낮잠 시간이 뒤로 밀리게 되고, 이는 다시 밤잠 시간을 늦추는 악순환으로 이어질 수 있습니다. 이때는 아침 기상을 앞당기는 것부터 시작해 보세요. 보통 늦게 자는 아이들은 일찍 재우는 것부터 시도하는데 수면 패턴을 바로잡기 위해서는 기상 시간을 맞추는 것부터가 시작입니다. 아이가 늦게 일어나지 않도록 일찍 깨워 주고 낮잠 시간을 조정하여 조금씩 밤잠 시간도 앞당기는 방식으로 패턴을 잡아 가야 합니다. 하루에 30분씩 점진적으로 시간을 조정하면 아이가 변화에 적응하기 쉽습니다.

2단계 | 적합한 수면 환경 만들기

가족의 생활 패턴은 아이의 수면에 직접적인 영향을 미칩니다. 만약 저녁 시간에 가족들이 스마트폰을 사용하거나 TV를 시청하고 늦은 식사나 야식을 먹는 환경이 지속된다면 아이는 자연스럽게 자지 않고 가족들과 놀고 싶어할 가능성이 높습니다. 이는 당연히 아이의 수면 패턴에 부정적인 영향을 미치겠죠. 물론 아이가 잠든 후 부모가 TV를 보거나 야식을 즐기는 것은 문제가 되지 않습니다. 하지만 아이가 깨어 있는 동안에는 가족 전체가 아이의 수면 리듬에 맞춘 환경을 조성하는 것이 중요합니다.

저녁 시간, 아이의 수면 시간이 가까워질 즈음에는 TV를 끄고 방 조명을 낮추는 등 수면 분위기를 만들어 주세요. 이렇게 하면 아이는 '이제 자야 할 시간'임을 자연스럽게 인식하고 수면 준비에 적응할 수 있습니다. 또한 수면 환경에서 온도와 습도를 적절히 유지하는 것도 중요합니다. 열이 많은 아이는 방이 덥거나 습할 경우 통잠을 자기 어려울 수 있으며, 반대로 너무 건조하면 호흡이 불편해져 수면이 방해될 수 있습니다. 아이가 수면하는 방에 온습도계를 설치해 매일 체크하고 적정 온도와 습도를 유지해 주세요.

수면은 아이의 성장과 발달에 큰 영향을 미칩니다. 따라서 수면이 어려운 아이라면 그 원인을 점검하고 적합한 수면 환경을 조성해 주는 것이 중요합니다. 자야 할 시간에 아이가 잠을 거부한다거나 재우는 데 너무 오래 걸린다는 이유로 수면 시간을 밤 10시가 넘어가도록 늦추는 것은 바람직하지 않겠죠.

3단계 | 올바른 수면의식 만들기

수면이 어려운 아이들을 위해 매일 반복되는 수면의식을 만들어 주는 것은 매우 효과적입니다. 수면의식은 아이가 일정한 리듬에 따라 하루를 마무리하며 수면 준비를 할 수 있도록 돕습니다. 그런데 수면의식을 실천하는 과정에서 부모가 흔히 실수하는 부분이 있습니다.

예를 들어, 두 돌 전후로 체력이 좋아지면서 밤잠을 거부하는 아이들에게 에너지를 모두 방전시키면 쉽게 잠들 것이라 생각하고 수면 직전 방 안에서 신나는 음악을 틀거나 격렬한 놀이를 시키는 것입니다. 하지만 수면이 어려운 아이들은 동적인 에너지를 정적인 에너지로 전환하는 과정이 힘든 경우가 많습니다. 그래서 흥분을 유발하는 활동은 오히려 아이가 더 잠들기 어렵게 만들 수 있습니다.

따라서 수면 30분~1시간 전부터는 동적인 활동을 줄이고 정적인 활동으로 전환해야 합니다. 켜져 있는 TV를 끄고, 방 조명을 낮추며, 따뜻한 물로 샤워를 시키고, 조용한 자장가를 틀어 수면 준비를 돕는 것이 효과적입니다.

목욕하기 → 화장실 다녀오기 → 물 소량 담긴 물통 챙기기 → 그림책 네 권 골라 침실로 이동 → 잠자리 독서 → 잠자리 대화 후 수면

이것은 저희 집에서 아이와 오랜 시간 실천해 온 수면의식입니다. 수면의식은 딱 정해져 있는 것이 아니므로 각자 사정에 맞게 정하면 됩니다. 다만 중요한 점은 일관성과 반복성입니다.

아이들은 불을 끄면 그제야 화장실 가고 싶다거나 목이

마르다는 등의 이런 저런 요구를 하는 경우가 많죠. “안 돼!'” 하고 단호하게 말할 때도 있지만 어떨 때는 ‘어? 들어줘야 하나?’ 하고 헷갈리는 요구도 있기 마련입니다.

그래서 아이가 매일 잠자리에서 요구하는 사항은 아예 수면의식에 포함시켜야 해요. 예를 들어 수면 공간으로 이동하기 전에는 반드시 화장실을 다녀오도록 합니다. 목이 마르다는 요구 또한 그냥 무시할 수 없기 때문에 “자기 전에 또는 자다가 물을 많이 마시는 건 잠잘 때 방해되고 건강에도 좋지 않대.”라고 설명해 주고 대신 소량 물이 담긴 물통을 챙기도록 합니다. 목이 말라서 나가겠다거나 불을 켜달라고 하지 않도록 사전에 문제를 해결해 두는 겁니다. 그러면 아이는 자기 전 가볍게 목을 축이는 정도로 문제를 해결할 수 있죠.

잠자리 독서의 경우 아이가 세 권, 제가 한 권을 골라 읽어 주고 있어요. 글밥의 양이 많아지면 자러 들어가는 시간을 조금 앞당기거나 책의 권수를 줄여 주는 것도 방법이 될 수 있습니다.

책 권수를 정하는 이유는 아이들이 시간 개념이 부족하므로 구체적이고 명확한 기준이 효과적이기 때문입니다. 만약 아이가 책을 더 보고 싶어 한다면 수면의식 전에 정적인 놀이 시간을 활용해 책을 더 읽어주는 방식으로 보완할 수 있습니다. 그러나 수면의식 후에는 추가 요구를 단호히 거절하는 것이 중요합니다.

잠자리 독서 후에는 불을 끄고 오늘 하루 어땠는지 가볍게 잠자리 대화를 나누며 수면의식을 마무리합니다.

수면 독립을 위한 분리수면 시기와 방법

분리수면, 꼭 해야 할까?

분리수면은 부모가 선택할 수 있는 육아 방식 중 하나이지만 반드시 해야 하는 상황도 있습니다. 가족이 한 방에서 함께 수면할 때 가족 구성원 중 누구라도 수면의 질이 떨어진다면 분리수면은 필수적입니다. 예를 들어, 부모가 아이의 움직임이나 끙끙거리는 소리에 민감해 잠을 설치거나 얕은 잠 주기 때 아이들이 짜증을 많이 내서 잠을 제대로 못 자는 경우가 있습니다. 반대로 부모가 코를 골거나 부모와 아이의 수면 시간이 맞지 않아 아이의 수면이 방해받는다면 아이의 건강과 발달을 위해서라도 분리수면을 고려해야 합니다.

분리수면의 시점은 부모의 선택에 달려 있지만 한 가지 중요한 점은 돌 이전에는 방을 분리하지 않는 경우라도 침대는 반드시 분리해야 한다는 것입니다. 아기가 자신의 몸을 자유롭게 이동하거나 컨트롤할 수 없는 돌 이전의 시기에 성인과 같은 침대를 사용하는 것은 매우 위험할 수 있습니다. 성인의 움직임이 아기의 호흡을 방해하거나, 아기가 성인 몸에 눌리거나 이불에 덮이는 등의 사고로 이어질 가능성이 있기 때문입니다. 이는 영아 돌연사 증후군(SIDS) 예방을 위한 매뉴얼에서도 강조되는 부분입니다.

이처럼 분리수면은 가족 구성원의 수면의 질과 안전을 최우선으로 고려해 결정해야 합니다. 모든 가족의 수면이 안정적이고 서로에게 방해가 되지 않는 환경을 만들어 주는 것이 분리수면의 가장 중요한 목표입니다.

분리수면은 언제 하는 게 적절할까?

분리수면을 계획하고 있다면 생후 6개월 이전에 시작하는 것이 바람직합니다. 생후 6개월까지는 아이의 수면 패턴이 비교적 유동적이며 양육자와의 심리적 의존도가 안정적으로 형성되기 전이라 분리수면으로 인한 불안을 최소화할 수 있습니다.

만약 돌 이전에 분리수면을 하지 못했다면, 생후 36개월 이후로 미루는 것이 더 나은 선택입니다. 생후 6개월부터 생후 36개월 사이는 아이의 애착형성이 활발히 이루어지는 시기로, 이 시기에는 양육자와의 분리가 아이에게 큰 불안을 줄 수 있습니다. 이 시기 아이들은 양육자와의 안정적인 애착을 바탕으로 세상에 대한 탐구심을 키워나가므로 분리수면을 시도하기에는 적합하지 않습니다.

36개월 이후에는 아이가 자신의 욕구를 명확히 표현하고 부모의 설명을 이해할 수 있을 정도로 언어 능력이 발달합니다. 이 시기에 분리수면을 시도할 때는 아이에게 충분히 설명하고 준비 과정을 함께하며 자연스럽게 진행하는 것이 중요합니다.

분리수면은 어떻게 시도해야 할까?

아이의 기질에 따라 분리수면이 비교적 수월하게 진행되는 경우도 있지만 독립심이 약하거나 부모와의 애착이 강한 아이는 엄마와 떨어지기를 거부하거나 무섭다고 표현할 수 있습니다. 이러한 아이들에게는 점진적인 훈련이 필요합니다. 처음에는 이불을 따로 덮는 것부터 시작해 침대를 분리하고, 이후 방을 분리하여 물리적인 거리를 점차 늘려가는 방식이 효과적입니다.

분리수면이란 독립적으로 수면하는 공간이 생기는 것이기에 자기 방에 대한 애착도 가질 수 있도록 도와주면 분리수면에도 도움이 됩니다. 아이가 자신의 방을 편안하고 긍정적인 장소로 인식하도록 돕는 방법은 다양합니다. 아이가 좋아하는 캐릭터가 그려진 이불이나 베개를 두고 애착 인형이나 담요를 준비하며 가족이 함께 찍은 사진을 방에 두는 것도 좋은 방법입니다. 또한 낮 시간 동안 아이가 자신의 방에서 더 많은 시간을 보낼 수 있도록 유도하세요.

★ 민주쌤의 현실 밀착 육아코칭 ★

Q 낮잠을 안 자려는 아이, 어떻게 해야 하나요?

낮잠을 잘 자지 않는다면 낮잠 시간만 체크하는 것이 아니라 수면의 전체 패턴을 점검해야 합니다. 늦게 자고 늦게 일어났다면 당연히 낮잠 자기가 힘들겠죠. 더불어 아이가 깨어 있는 오전 시간 동안 에너지를 충분히 발산하며 놀고 있는지를 꼭 살펴 주세요. 당연한 얘기지만 활동량이 많아 피곤하면 훨씬 잘 잡니다. 반면 본인이 가진 에너지에 비해 활동량이 적으면 더 뛰고 싶고, 더 놀고 싶어 잠이 오지 않습니다. 따라서 일과 중에 에너지를 발산할 수 있도록 신체 활동과 운동 시간을 늘려 주고 햇볕을 충분히 쬘 수 있는 야외 활동을 하도록 해 주세요.

규칙적인 일과 및 충분한 에너지 활동에도 불구하고 쉽게 자려 하지 않는 아이도 있습니다. 이럴 때 반드시 지켜야 하는 것은 '자지 않아도 괜찮지만, 30분 정도 누워서 휴식은 해야 한다.'는 원칙을 만들어 주는 것입니다. 낮잠 시간이 되면 자든 자지 않든 낮잠을 자는 장소에서 동일한 환경으로 30분 정도 누워 휴식하는 시간을 만들어 주세요.

지혜롭게 배변훈련 시작하기

배변훈련은 아이가 세상에 태어나 처음으로 자신의 몸을 스스로 조절하려고 도전하는 중요한 과제입니다. 기저귀를 떼고 화장실을 이용하는 과정은 신체적인 기능을 익히는 것 이상의 의미를 가집니다. 이 과정은 아이가 앞으로 마주할 수많은 도전에서 자신감을 갖고 나아갈 수 있도록 돕는 중요한 기초가 됩니다. 반대로, 배변훈련이 좌절과 두려움으로 경험된다면 아이는 새로운 도전에 대해 부정적인 태도를 가질 가능성이 있습니다.

배변훈련은 언제 시작해야 하나요?

생후 15~18개월 무렵, 드디어 자율 신경계 및 대소변을 조절하는 근육이 발달하기 시작합니다. 따라서 배변 훈련은 빨라도 생후 15~18개월은 지나서 시작하는 것이 좋습니다.

이는 정신분석학적 관점에서도 일치하는데, 프로이트(Sigmund Freud)는 생후 18~36개월을 '항문기' 발달 단계로 보며 이 시기에 아이가 스스로 대소변을 조절하며 통제에서 즐거움을 느낀다고 설명합니다. 이는 배변훈련의 적절한 시기를 알려 줌과 동시에 배변훈련이 기저귀를 떼는 과정을 넘어 아이의 자립심과 성취감을 키우는 중요한 경험임을 보여 줍니다.

다만, 생후 18개월이 되었다고 기다렸다는 듯 모든 아이가 무조건 배변훈련을 시작해야 하는 것은 아닙니다. 아이마다 발달 시기는 조금씩 차이가 있기에 아이가 준비되었을 때가 가장 적절한 시기입니다.

"아이가 준비되었는지 어떻게 알 수 있죠?" 하고 궁금하실 텐데요. 가장 기본이 되는 신호는 아이의 소변텀입니다. 소변텀이 굉장히 짧다가 수유텀에 먹던 분유도 떼고, 대소변을 조절 하는 근육도 발달하기 시작하면서 1시간에서 1시간 30분 정도로 길어졌다면 '아~ 이제 신체적으로 점차 조절이 가능하구나.'라고 판단하고 배변훈련을 시작하면 됩니다. 아이가 기저귀를 떼는 과정은 아이의 기질에 따라 기간이 크게 달라질 수 있습니다. 어떤 아이는 일주일 만에 배변훈련을 완료하는가 하면 어떤 아이는 6개월 이상 걸릴 수 있습니다.

반면 아이가 충분히 준비가 되었음에도 부모가 마음의 준비가 되지 않아 시기를 놓치거나 일관되지 않은 반응을 보이는 것은 훈련 과정에 부정적인 영향을 줄 수 있습니다. 예를 들어, 어떤 날은 열심히 훈련하다가 또 다른 날은 기저귀를 그냥 채워 주는 식이라면 아이에게 혼란을 줄 수 있습니다. 이런 경우 준비된 아이조차도 기저귀를 떼는 데 시간이 오래 걸릴 수 있으니 주의해야 합니다.

배변훈련 방법 4단계

1단계 | 변기, 응가, 팬티와 친해지기

배변훈련을 시작할 때 흔히 하는 실수가 아이가 더 이상 기저귀를 착용 하지 않는 것에만 초점을 두어 기저귀 대신 팬티를 입히는 것입니다. 배변훈련은 말 그대로 '훈련'의 과정입니다. 첫 단계부터 낯선 변기에 앉거나 소변기 앞에 서서 소변을 시도하는 것은 무리가 있어요. 기저귀를 빼고 팬티를 입히기 전에 먼저 변기에 대한 경계심을 낮추고 친근감을 느끼도록 도와주어야 해요.

유아용 변기 준비하기

변기에 대한 경계심이나 불안감을 낮춰 줄 수 있도록 아기 변기를 활용해서 즐겁게 놀이 시간을 가져 보는 것도 좋습니다. 엄마, 아빠가 변기에 앉는 모습을 관찰하는 사전 경험을 시작으로 유아용 변기에 아이가 직접 앉아 보기도 하고, 물도 내려 보고 하면서 친근한 도구로 다가설 수 있도록 해 주세요. 좋아하는 인형을 활용해서 배변 훈련 놀이를 즐겨 볼 수도 있어요.

팬티 준비하기

배변훈련의 필수 준비물 중 하나는 기저귀를 대신해 착용할 팬티입니다. 팬티는 아이에게 새로운 경험일 수 있으므로 낯설지 않게 긍정적인 이미지를 심어 주는 것이 중요합니다. 이를 위해 아이가 좋아하는 색상이나 캐릭터가 그려진 팬티를 준비해 주세요. 가능하다면 아이와 함께 팬티를 고르는 과정을 즐기며 아이 스스로 선택하게 하면 팬티에 대한 흥미와 호감이 자연스럽게 생깁니다.

다만, 팬티에도 적응시간이 필요합니다. 팬티를 처음 입는 아이 모습을 기대하며 설레는 마음에 적응 시간 없이 덥석 기저귀를 빼고 팬티를 입히면 입는 것조차 거부하는 아이들이 꽤 많습니다.

배변훈련을 시작할 즈음 팬티를 준비하여 좋아하는 인형에 팬티를 입히는 놀이를 하거나 아이가 착용하고 있는 기저귀 위에 팬티를 입혀 보며 팬티 입는 연습을 해 보세요.

응가 놀이를 즐기기

배변훈련을 하기 몇 개월 전부터는 배변훈련과 관련한 그림책을 보면서 대소변에 대해 인지할 수 있도록 하고 변기에 대한 친근감도 느끼도록 해주세요. 아기 변기를 준비해 거실 또는 화장실 근처에 두고 인형을 활용해 배변 놀이를 즐기게 하면 도움이 될 수 있습니다. 또한 변기에 똥 스티커를 붙여 보거나 갈색 클레이를 활용해 응가 모양을 만들어 넣고 아이가 직접 물 내림 버튼을 눌러 물이 내려가는 소리도 들어 보게 하세요. 이 과정을 충분히 거친 후 기저귀를 벗고 변기에 대소변을 시도한다면 훨씬 더 자연스럽게 받아들일 수 있답니다.

2단계 | 응가, 쉬야 표현 방법 알려주기

다음으로 '응가', '쉬야' 표현을 아이 스스로 할 수 있도록 알려 주어야 합니다. 아이가 아직 말을 트지 않았다면 간단한 언어나 몸짓으로 자신의 상태를 표현할 수 있게 해 주세요. 예를 들어, "쉬야가 하고 싶다."는 표현을 "시"라고 짧게 말하도록 하거나, "응가가 하고 싶다."는 "응"으로 표현하게 하는 방법이 있습니다. 또한 아이가 손가락으로 엉덩이를 가리키는 몸짓으로도 용변 의사를 전달할 수 있도록 반복적으로 알려주세요.

이때 아이가 모방해서 표현을 따라하는 것과 실제로 대소변이 누고 싶을 때 용변의사를 표현하는 것은 다릅니다. 아이들은 아직까지 '어? 쉬가 마려운데?', '쉬가 나올 것 같다.', '급하다.', '쉬가 나와 버렸네.' 등을 확실하게 구분하지 못해요. 머리가 아닌 몸으로 '쉬가 나올 것 같은 느낌이 어느 정도 들 때 변기로 가서 바지를 내리고 쉬를 해야 한다.'라고 인지하는 것은 다른 개념임을 기억해 주세요.

3단계 | 소변텀에 화장실 데려가기

3단계는 배변훈련의 핵심입니다. 앞에서 살펴봤듯이 아직은 아이 스스로 정확하게 용변의사를 표현하기 어렵기 때문에 표현할 때까지 기다리지 않고 부모가 소변텀을 관찰하며 적절한 타이밍에 변기에 시도해 볼 수 있게 미리 데려가 주어야 합니다.

처음에는 아이가 재미있어하며 변기에 가는 과정을 즐길 수 있지만 몇 번 반복하다 보면 귀찮아하거나 놀이에 몰두한 나머지 화장실 가기를 거부하는 경우도 생깁니다. 여기서 부모들의 요령이 요구됩니다. 너무 거부할 때는 억지로 데려가는 것이 아니라 손 씻으러 갔을 때 변기에 한 번 앉아 보도록 하는 등 자연스럽게 유도해 주세요. 꼭 소변이 나오지 않았더라도 칭찬과 함께 좋아하는 스티커를 붙이거나 도장을 찍는 등 작은 보상 활동을 통해 변기에 앉는 경험을 즐겁게 만들어 주세요.

4단계 | 열 번 정도 성공하면 기저귀 빼 주기

드디어 마지막 단계입니다. 소변텀에 맞춰 변기로 아이를 데려갔을 때, 처음으로 "쪼르르~" 성공하는 순간이 찾아옵니다. 이 성공 경험은 아이에게 변기 사용에 대한 자신감을 심어 주며 점차 두 번, 세 번으로 성공 횟수가 늘어나게 됩니다.

이렇게 기저귀가 젖지 않은 상태로 변기에 소변을 보는 경험을 열 번 정도 반복적으로 했다면, 이제는 당당히 기저귀를 벗고 팬티를 입힐 준비가 된 것입니다. 놀이를 통해 대소변, 변기, 팬티와 충분히 친숙해졌고, 용변 의사가 있을 때 표현하는 연습도 했으며, 소변텀에 맞춰 변기에 앉아 보는 시도를 통해 적응해 온 아이는 이제 기저귀를 빼고 팬티를 입고 생활하더라도 큰 거부감이나 두려움이 없을 겁니다. 그러나 기저귀를 떼는 배변훈련은 반복된 훈육이 아니라 반복된 훈련이라는 점을 잊지 마세요. 팬티를 입은 후에도 아이는 가끔 실수를 할 수 있습니다. 이러한 실수는 배변훈련 과정에서 자연스러운 일이므로 부모가 너그럽고 이해심 있는 태도로 대하는 것이 중요합니다.

민주쌤의 육아 브이로그
✱ 배변훈련

배변훈련 시 부모가 하는 흔한 실수 다섯 가지

① 대소변에 대한 부정적인 인식 주지 않기

배변훈련을 할 때 중요한 것 중 하나가 대소변에 대해 부정적인 인식을 주지 않는 겁니다. 아이들은 태어나 지금까지 기저귀에 대소변을 해결했고, 누워서 또는 서서 엄마가 기저귀를 갈아 줬기 때문에 이 대소변을 실제로 눈으로 본 적이 사실상 별로 없어요. 그런데 대소변은 냄새도 나고 색깔도 모양도 호감을 주게 생기진 않았죠. 그래서 우리는 무의식중에 미간을 찌푸리거나 "아! 냄새." 하며 부정적인 반응을 보이기도 합니다. 그런데 이런 반응을 아이들이 보게 되면 '아~ 응가는 더러운 것'이라고 생각하면서 내 몸속에서 나오는 대소변 자체에 대한 두려움이나 거부감이 생길 수 있습니다. 처음 시도할 때는 뭣 모르고 변기에 잘 앉아서 시도하던 아이가 자기 몸에서 나온 시커먼 덩어리 대변을 발견하고는 그 다음부터 변기를 거부하기도 하고 심하게는 대변 보는 자체를 거부하여 참고 참다가 변비가 생기기도 합니다.

물론 대소변 자체가 위생적인 것은 아닙니다. 정확하게는 위생적으로 잘 처리할 수 있도록 가르쳐야 하는 것이지요. 그렇지만 배변훈련을 이제 막 시작한 아이들이 대소변 자체가 무섭고 두려운 것이자 더러움의 대상이라는 부정적인 느낌을 먼저 받는다면 용변을 보는 것 자체에 대한 수치심과 죄책감을 느낄 수 있다는 것을 유념해야 합니다. 우리 몸이 건강해서 소화가 잘되면 응가도 잘 나오는 것이라는 긍정적인 인식을 갖도록 도와주세요.

② 변기에 오래 앉혀 두지 않기

아이가 원해서 변기에 앉아 보거나 앉아서 놀이해 보는 것은 괜찮으나 대소변이 나올 때까지 기다리기 위해 변기에 오래 앉혀 두는 것은 좋지 않습니다. 보통 아이를 변기에 앉혀서 대소변을 볼 수 있도록 유도하며 즐겁게 이야기를 나누죠. 그럼에도 배변을 하지 않고, 배변 욕구에 대한 집중도가 떨어지는 모습을 보이며 재미없어 한다면 곧바로 변기에서 내려올 수 있도록 해야 합니다. 아이가 원치 않는데 변기에 오래 앉아 있게 되면 변기에 용변을 보는 것이 고통스러운 과정이라 느낄 수 있어요. 결국 소변텀이 되거나 대변신호를 보여서 변기에 가 보자고 제안했을 때 '재미없어.', '가기 싫어.', '귀찮아.'라는 마음이 먼저 들겠죠. 그러면 변기에 가는 것 자체를 거부할 수 있습니다. 배변훈련 초반에 변기에 앉아 보는 경험 자체가 아이의 관심과 흥미로 시작해서 재미와 성취로 끝날 수 있게 해 주셔야 해요.

③ 배변을 성공했을 때 지나치게 반응하지 않기

배변훈련을 할 때 지나치게 과한 칭찬을 하는 것은 금물이라는 말을 들어 보셨을 겁니다. 물론 변기에 앉는 것을 시도해 봤거나 배변을 성공했을 때 칭찬을 해 주어야 합니다. 성공 경험에 대한 칭찬은 그다음에 또 시도하게 하는 긍정적 동기부여가 되니까요. 하지만 너무 지나치게 과한 칭찬과 반응은 혹시 아이가 배변 실수를 하거나 성공하지 못한 날 '내가 변기에 쉬를 했을 때 엄마가 정말 좋아했는데, 오늘은 그런 반응이 없네.'라는 마음이 들면서 큰 좌절감을 느낄 수 있어요. 또 기질에 따라서는 과한 칭찬 등 지나친 관심이 오히려 압박감으로 작용해 다시 변기에 도전하는 것을 부담으로 느끼는 아이들도 꽤 많습니다. 그렇기 때문에 과한 칭찬과 반응보다는 과정에 대한 칭찬을 해 주는 것이 효과적입니다. "오늘도 변기에 앉아 봤네. 정말 멋져!" 또는 "쉬야 해 보겠다고 먼저 이야기해 줘서 엄마가 깜짝 놀랐어!"와 같이, 아이가 시도한 행동과 그 과정에 대해 구체적으로 칭찬하며 긍정적인 피드백을 주는 정도가 좋습니다.

④ 배변훈련 중에는 아이가 표현할 때까지 무작정 기다리지 않기

배변훈련은 말 그대로 '훈련'입니다. 아이는 아직 어느 정도 느낌이 나면 소변이 나오는지, 또 어느 정도 참을 수 있고, 어느 시점에 변기에 가서 앉아야 하는지 정확히 알지 못합니다. 그런데 배변훈련을 시작하면 "자, 이제 우리 기저귀 안녕 빠이빠이 하고 팬티 입을 거야. 이제 쉬하고 싶으면 '쉬하고 싶어요.' 하고 말해야 해."라고 당부하고는 아이가 용변을 표현할 때까지 기다리는 경우가 많습니다.

그러나 아이에게 "쉬가 하고 싶어요."라고 말하라고 가르쳐도 아이는 배변 욕구를 표현하는 타이밍을 놓치는 경우가 많습니다. 예를 들어, 팬티에 소변을 본 후에 해맑게 "엄마, 쉬 하고 싶어요!"라고 말하는 거죠. 이때 부모는 "실수할 수 있어. 다음에는 쉬 나오기 전에 이야기하자."라고 알려주지만, 또다시 같은 실수가 반복되기도 합니다. 이런 상황에서 부모는 아이가 장난을 치거나 약속을 지키지 않는다고 오해하기 쉬우나 사실 이는 아이가 소변 신호와 타이밍을 이해하지 못한 것일 뿐입니다.

아이가 표현할 때까지 무작정 기다리게 되면 그날은 온종일 세탁기를 돌려야 하는 날이라고 생각해야 합니다. 배변훈련 중에는 아이가 표현할 때까지 무작정 기다리는 것이 아니라 아이의 소변텀을 대략적으로 계산해서 소변텀보다 먼저 화장실에 데리고 가야 합니다. 앞서 익힌 배변훈련 방법 3단계를 실천하는 겁니다.

⑤ 밤 기저귀 안 하고 자는 아이 깨워서 화장실 가지 않기

낮 기저귀를 떼는 것만큼이나 밤 기저귀를 떼는 과정도 많은 부모들에게 고민을 안깁니다. 특히 "배변훈련 중이니 아이를 밤중에 깨워 화장실로 데리고 가야 하나요?"라는 질문을 많이 하시는데요. 육아를 할 때는 우선순위가 있습니다. 항상 우리는 건강과 안전이라는 영역에 해당되는 것이 우선시 되어야 해요. 아이가 밤잠을 푹 자고 다음 날 좋은 컨디션으로 하루 일과를 보내는 것이 무엇보다 중요합니다. 더구나 수면은 습관이고 패턴인데 배변훈련을 이유로 자는 아이를 깨워서 매일 밤 화장실에 데리고 간다면 수면의 질은 떨어질 수밖에 없습니다. 그것을 신경 쓰느라 부모도 잠을 설치게 되니 모두가 수면의 질이 떨어지게 되죠. 따라서 밤 기저귀를 떼기 위해 자는 아이를 깨워서 화장실에 가는 것은 적절하지 않습니다. 밤 기저귀를 떼는 방법은 다음 육아코칭의 설명을 참고해 주세요.

★ 민주쌤의 현실 밀착 육아코칭 ★

Q 소변 텀은 어떻게 알 수 있나요?

배변훈련을 시작할 때 많은 부모님들이 궁금해하는 것이 소변 주기, 즉 '소변 텀'입니다. 이를 파악하기 위해서는 기저귀를 갈아 준 시점부터 다시 기저귀가 젖는 시간까지의 간격을 관찰해야 합니다. 초반에는 되도록 기저귀 선 색깔이 바뀌었는지 자주 확인을 해야 하지요. 대략 1시간 정도가 소변 텀이라고 본다면 기저귀를 갈고 45~50분 정도 지났을 때 변기에 데려가서 시도해 볼 수 있습니다.

Q 변기 거부하는 아이, 더 기다려야 할까요?

배변훈련 과정 중에 부모의 실수로 아이가 변기에 대한 거부감이 생길 수도 있지만 아이 스스로 심리적인 부담이나 두려움으로 인해 거부감을 보일 수도 있습니다. 특히 변화되는 환경에 예민한 기질의 아이는 새로운 환경이나 상황에 적응하는 데까지 오랜 시간이 걸립니다. 이런 아이들에게는 배변훈련 4단계 중에서도 1단계에서 충분한 시간을 들여 지속적으로 관심을 기울여야 합니다.

이때 도움이 되는 방법 중 하나는 가족들의 모델링입니다. 엄마, 아빠, 형제자매가 변기를 사용하는 모습을 자연스럽게 보여 주는 것은 아이가 변기에 대한 경계심을 낮추는 데 매우 효과적일 수 있습니다. 이를 통해 아이는 변기 사용이 일상적이고 자연스러운 것임을 깨닫게 될 것입니다.

Q 소변은 변기에 보는데 대변 볼 땐 기저귀를 찾아요.

대변을 수월하게 가리는 아이도 있지만 대부분의 아이들이 소변보다는 대변을 볼 때 훨씬 민감하게 반응합니다. 커튼 뒤나 혼자 있는 공간, 또는 특정 공간에서 응가 하기를 원하는 아이들이 있기 때문에 시간이 좀 걸릴 수 있어요.

일단 배변훈련 과정에서 자연스럽게 대변도 소변과 같이 변기에 시도해 볼 수 있도록 유도해 주세요. 이 과정에서 아이가 거부하거나 기저귀에 대변을 봤다고 부정적인 반응을 보이는 것은 오히려 좌절감과 불안감을 느끼게 되어 변기에 대한 거부감이 더욱 강해질 수 있습니다.

변기에 대한 거부감이 있을 때에는 변기에 기저귀를 깔아주고 그 위에 대소변을 할 수 있도록 시도해 보세요. 그것도 거부를 한다면 기저귀를 차고 변기에 앉아 볼 수 있도록 하고 익숙해지면 다음 단계로 기저귀를 변기에 깔아 주어 시도해 볼 수 있어요. 이것도 익숙해지면 기저귀를 빼고 변기에 시도하는 단계로 진행하여 점진적으로 적응하는 것이 도움이 될 수 있습니다.

생후 40개월 전후가 되면 아이들은 상황에 대한 이해력이 높아지고 자기 조절을 시도할 수 있게 됩니다. 이때는 '변기에 응가를 할 수 있어요.'라고 쓴 종이에 열 개 정도의 칸을 만들어 두고, 기저귀에 대변을 볼 때마다 스티커를 붙여 보게 하는 방법을 시도해 볼 수 있습니다. 열 개의 스티커가 다 채워지면 변기에서 시도해 보기로 약속하는 것입니다. 이렇게 눈에 보이는 스티커 판을 통해 아이는 천천히 마음의 준비를 할 수 있게 됩니다.

Q 밤 기저귀는 어떻게 떼야 하나요?

밤 기저귀 떼기를 시도하면서 고민에 빠지는 부모가 많습니다. 혼란스러울 수 있으니 잘 때도 기저귀 착용은 하지 않는 것이 맞는지, 그렇다면 아직 밤중에 소변 조절이 안 되는 아이를 깨워서 화장실을 데리고 가야 하는 것인지 여러 가지 고민에 빠지게 되죠.

그런데 밤 기저귀를 떼는 훈련은 따로 있지 않습니다. 아이는 아직 신체적으로 성숙하지 않아 방광의 크기가 작기 때문에 많은 양의 소변을 보유하지 못해요. 그렇기에 자기 직전에 소변을 볼 수 있도록 하고 수면 전 수분 섭취를 조절하는 것이 전부입니다.

여기까지만 하더라도 어느 시점이 되면 자고 일어났는데 기저귀가 젖지 않는 날들이 반복되는 모습을 관찰할 수 있어요. 그렇게 일주일 정도 연속해서 기저귀가 젖지 않는다면 밤에도 기저귀 대신 방수 팬티나 일반 팬티를 입혀주시면 됩니다.

단, 아이 연령이 만 5세가 넘었는데 잠자는 동안 일주일에 2~3일 이상, 3개월 정도 밤에 소변 실수를 한다면 야뇨증을 의심해 볼 수 있습니다. 또한 배변 훈련을 완료해서 6개월 이상 소변을 잘 가리다가 갑자기 가리지 못하게 되었을 경우에도 이차성 야뇨증을 의심해 볼 수 있으니, 이럴 경우는 소아과 방문하여 정확하게 진단을 받고 필요한 치료를 진행하는 것이 좋습니다.

Q 어린이집 변기나 외부 변기를 거부하는데 어떻게 해야 하나요?

다른 일도 마찬가지지만 특히 배변훈련의 경우 담임 교사와의 협력이 중요합니다. 평소 아이를 잘 이해하고 있는 담임교사에게 아이의 상황에 대해 설명하고 함께 어린이집에서 변기를 거부하는 이유를 파악해 보는 것이 우선입니다. 사람이 많아서 싫다면 친구들이 화장실을 이용하지 않을 때 가게 하거나, 반대로 어린이집 변기가 무섭게 느껴진다면 다른 친구들이 변기 사용하는 모습을 관찰하면서 모방할 수 있도록 하는 것도 방법이 될 수 있습니다. 또한 어린이집이나 외부에서 화장실에 갈 때 평소 아이의 애착물이나 좋아하는 물건을 가져가 변기를 사용하게 하는 것도 안정감을 느끼게 되어 도움이 될 수 있어요.

낯선 환경이나 익숙하지 않은 상황에서 불안감을 느끼는 아이라면 적응하는 데 다른 사람들보다 몇 배의 시간이 걸릴 수 있으니 서두르지 않고 천천히 접근하면 점차 나아질 수 있을 겁니다. 아기가 소변 성공을 하지 않더라도 변기까지 가 보거나 앉아 보는 등의 작은 시도에도 칭찬과 격려를 해 주세요.

에필로그

완벽하지 않아도 괜찮아요!

강연을 가면 마지막에 늘 영상편지로 부모님들께 제 마음을 전하곤 합니다. 오래 기억되길 바라는 마음에서요. 이 책을 마치면서도 마찬가지로 제 목소리가 여러분들의 마음에 닿고, 그 마음이 또 아이들의 성장에 닿기를 바라면서 마치는 글을 씁니다.

우리 아이, 첫 심장 소리를 들었던 순간을 기억하시나요? 처음 울음소리를 들었던 그 순간을 떠올려 보세요.

아이를 키우는 이 시간이 한없이 소중하고 행복하지만 한편으로는 어렵고, 지치고, 힘든 순간들의 연속이죠? 어떤 날은 화를 참지 못해 소리를 지르는 순간도 있었고 또 어떤 날은 화낼 힘조차 없어 지친 목소리로 "그만하라고." 하며 미운 얼굴로 아이를 쏘아본 날도 있었을 거에요. 그렇게 힘겨운 하루를 마무리하고 곤히 잠든 아이를 보면, 아직은 엄마 품이 세상 전부인 아기에게 얼마나 상처가 되었을까 하는 생각이 들어 미안하고 후회가 됩니다.

아이를 사랑하는 마음은 늘 같지만 매순간 사랑만 표현하기는 어렵습니다. 오늘 하루 최선을 다하지 못했다고 자책하거나 좌절하지 마세요. 단, 건강하게 내 옆에 존재해 주는 것만도 감사한 것이 우리 아이의 존재라는 것만 잊지 않으셨으면 좋겠습니다.

완벽하지 않아도 괜찮아요! 잘하지 않아도 괜찮아요! 한 번 더 눈 맞추고, 한 번 더 들어주고, "오늘도 엄마가 많이 많이 사랑해." 하며 한 번 더 안아주면 그걸로 충분합니다.

언제나 진심으로 여러분을 응원합니다.

이민주육아연구소

이민주

성장 발달부터 생활습관까지 0~6세 육아 실전 가이드

민주쌤의 육아 코칭 백과

초판 1쇄 발행 2025년 2월 27일

초판 2쇄 발행 2025년 4월 3일

지은이 이민주

펴낸이 민혜영

펴낸곳 카시오페아

주소 서울특별시 마포구 월드컵로14길 56, 3~5층

전화 02-303-5580 | **팩스** 02-2179-8768

홈페이지 www.cassiopeiabook.com | **전자우편** editor@cassiopeiabook.com

출판등록 2012년 12월 27일 제2014-000277호

ISBN 979-11-6827-277-4 03590